U0385377

手作娃衣

大晋晋 ◎ 著

零基础教程

化学工业出版社

·北京·

图书在版编目（CIP）数据

手作娃衣零基础教程 / 大晋晋著. -- 北京：化学
工业出版社，2023.6（2025.1重印）
　ISBN 978-7-122-43110-3

　Ⅰ. ①手… 　Ⅱ. ①大… 　Ⅲ. ①手工艺品—制作 　Ⅳ.
①TS973.5

中国版本图书馆 CIP 数据核字（2023）第 041111 号

责任编辑：刘晓婷　林　俐　　　　　　　　　　装帧设计：对白设计
责任校对：宋　夏

出版发行：化学工业出版社（北京市东城区青年湖南街 13 号　邮政编码 100011）
印　　装：北京瑞禾彩色印刷有限公司
787mm×1092mm　1/16　印张 13　字数 276 千字　2025 年 1 月北京第 1 版第 4 次印刷

购书咨询：010-64518888　　　　　售后服务：010-64518899
网　　　址：http://www.cip.com.cn

定　　价：98.00 元

厨师帽/102页

厨师裙/79页

厨师围裙/131页

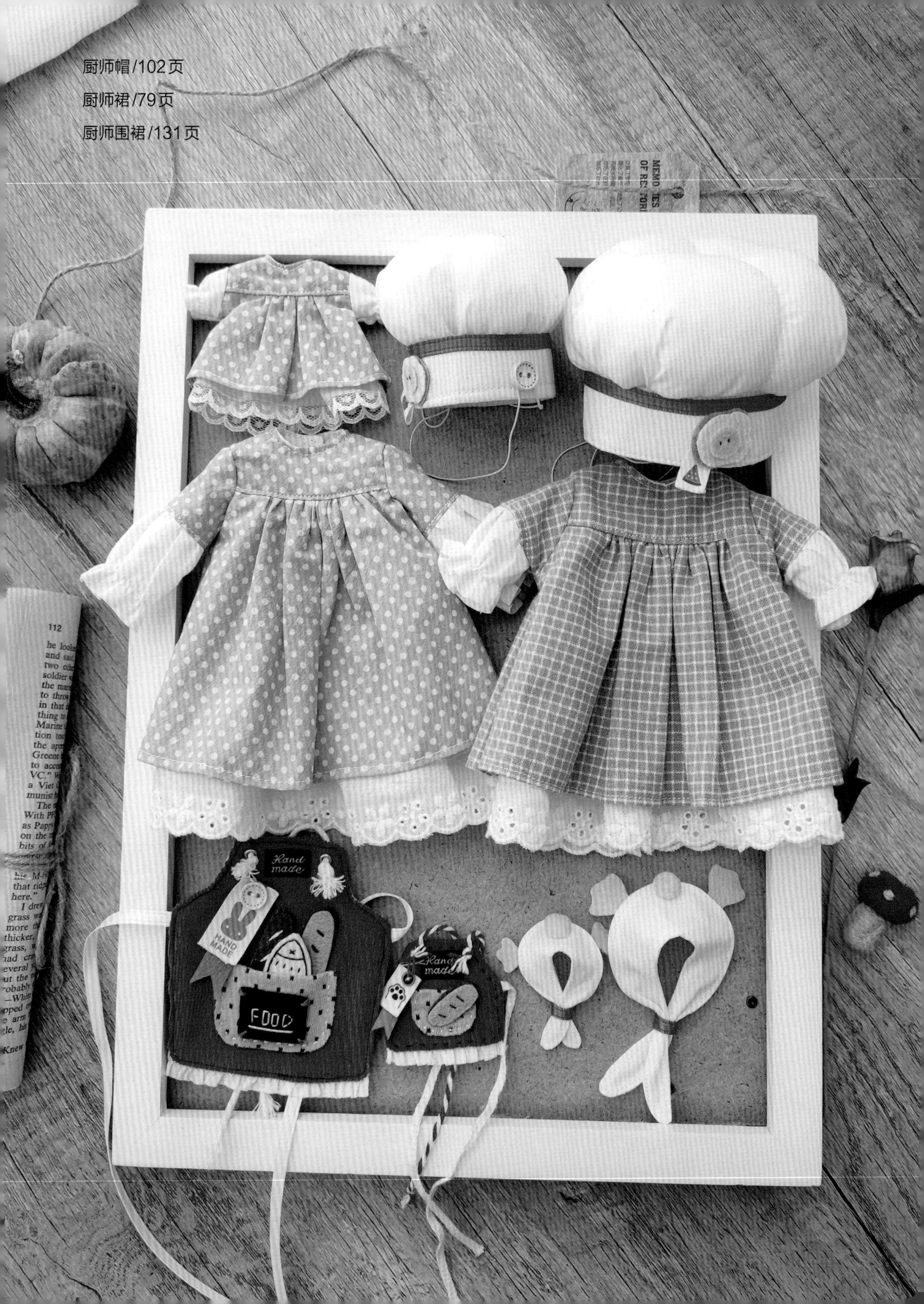

前言

我的母亲织毛衣非常厉害，我有幸继承了母亲手作方面的天赋。

小时候我特别喜欢芭比娃娃，记得家附近的菜市场有一家精品店，橱窗里总会放着穿美丽婚纱的芭比娃娃，这些婚纱都是店主自己亲手制作的，因此每一只娃娃都很贵。从那时候起，要给娃娃做衣服的种子便悄悄埋进了我的心里。

上大学的时候，我无意中在图书馆看到一本制作布艺娃娃的书籍，于是开启了大学四年疯狂做娃娃的模式。那时候网购还不发达，也不知道去哪里购买布料，我便开始剪自己的衣服，收集舍友不要的衣服，不知不觉做了一箱子布娃娃——这些布娃娃最后成了我的毕业设计。

我做的第一只布娃娃（真的好丑）

我喜欢尝试各种不同领域的手作，羊毛毡、刺绣、布艺娃娃、软陶娃娃、油画棒、泰迪熊等。所以进入娃圈也是必然的，因为很多娃娃和娃衣都是纯手工制作的，我怎么可能错过呢。

　　很多漂亮的娃衣都是纯手工制作的，因此不能量产，数量少且价格较高，于是就诞生了一批心灵手巧，自己给娃娃做衣服的娃妈娃爸。想要做好一件娃衣并不是容易的事情，很多新手会选择购买娃衣书进行学习，然而对于零基础的新手来说娃衣书真的很难看懂，只要任何一个步骤看不懂就会被卡住，然后无疾而终，极其打击自信。还有一个问题就是目前娃圈热门的素体尺寸在大部分的娃衣书中都没有，即使通过学习书籍成功做出了成品但并不适合自己的娃娃。

　　当有幸受邀写书的时候，我的第一想法就是一定要在本书中解决上述问题。本书提供了Blythe小布、OB11、BJD6分、大鱼体4种热门尺寸的纸样，其中以Blythe小布和BJD6分为主打尺寸。值得一提的是，对于比较复杂或经典的款式我专门录制了视频教程，帮助大家更直观地学习。

　　最后，愿大家和我一样心有热爱，内心笃定，可以在每一个阳光和煦的午后，听着喜欢的音乐，为心爱的娃娃做一件漂亮的衣服，静静享受手作带给我们的喜悦和成就感。

关于娃娃

娃娃一般由娃头和身体（也叫素体）两部分组成。娃娃的种类繁多，本书中出现的娃娃可以分为3种类型：OB11娃娃、BJD娃娃和Blythe娃娃，这也是现在国内娃圈经常玩的娃娃种类。

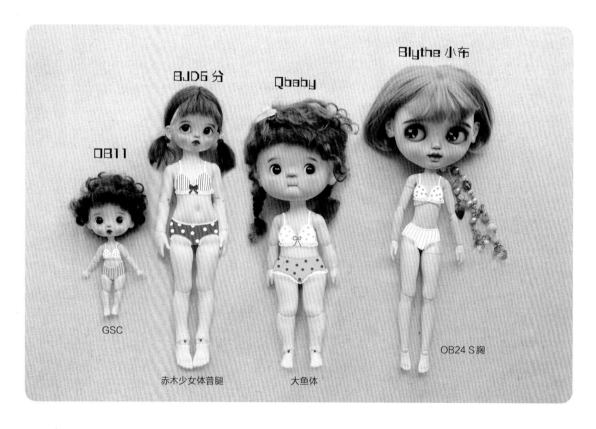

OB11娃娃

　　OB11狭义来讲指的是日本obitsu公司生产的不带娃头关节可动的树脂娃娃素体，其中"OB"是obitsu公司的缩写，"11"指的是娃娃的素体高度为11cm。广义来讲，OB11泛指身高在10cm左右的小尺寸关节可动娃娃。

　　OB11的娃头有很多种，其中真人风软陶娃头和卡通动漫二次元黏土娃头最受欢迎。本书中出现的娃头是软陶娃头，是捏娃作者用软陶土纯手工捏制而成，每一只娃娃都是独一无二不可复制的。

随着娃圈的发展，现在市场上出现了越来越多优秀的素体供玩家们选择，其中GSC素体（日本Good Smile Compan公司出品的素体）因可动性强、稳定性好、体型娇小、线条生动可爱等优点倍受玩家们的喜爱。

BJD娃娃

BJD娃娃（Ball-jointed Doll）又叫球形关节娃娃，有着悠久的历史和艺术收藏价值。BJD娃娃的种类很多，按照娃娃的高度可分为3分、4分、6分、8分、叔体、大女等，分数越小娃娃越高。本书中的BJD娃娃是6分尺寸，高度在26cm左右。

BJD娃娃的娃头尺寸一般为真人比例，近几年也出现了大尺寸娃头，如Qbaby娃娃。本书中的Qbaby娃娃使用的素体是少女鱼工作室出品的大鱼体，BJD6分娃娃使用的素体是赤木社出品的赤木少女体普腿。娃圈有很多优秀的BJD娃娃设计师，他们的很多娃娃都会拥有一款专属的素体，所以同一尺寸的素体也会有很多不同的种类。

Blythe娃娃

Blythe又叫小布、大眼娃，1972年诞生于美国，属于孩之宝公司旗下潮玩品牌。

原装出厂的小布长相相差不大，随着小布文化的发展，娃圈诞生了一批优秀的小布改妆师，每一只原妆小布通过改妆师的巧手后就被赋予了全新的面容，所以小布和OB11软陶娃头一样，每一只都是独一无二的。

小布官方素体关节可动性较差，所以现在大部分玩家都会把官方素体替换为其他素体。小布娃头可搭配的素体种类也很多，比较热门的有OB24、OB22、Azone（日本Azone公司出品的素体）等，其中OB24素体的尺寸最接近小布官方素体。

娃娃尺寸

素体名称	娃种	素体高度/cm	胸围/cm	腰围/cm	肩宽/cm	臂长/cm	臀围/cm	腿长/cm	脚长/cm
GSC	OB11	9	5.7	5.5	2.9	3	6.7	3.7	1.5
赤木少女体普腿	BJD6分	22	12.8	11.5	6.2	7.4	14.3	11.6	3.9
大鱼体	Qbaby	17.2	11.2	12	3.6	5.6	14.2	9.7	2.8
OB24 S胸	Blythe小布	22.2	9.3	7.6	4.2	7	10.7	12	2.5

注

① 尺寸表中的素体为本书使用的打版素体。
② OB24素体、OB22素体以及小布体三个尺寸的娃衣可以通穿。
③ 大鱼体和赤木少女体大多可通穿，纸样互用时裤装和裙装长度需适当调整。
④ GSC素体比OB11素体偏小，服装基本可通穿。

娃头作者

· OB11娃头作者：爱晰
· Qbaby娃头作者：李老师的娃
· BJD娃头作者：狮粽doll
· Blythe小布娃头作者：-阿棠棠棠l

目录

第一章　娃衣制作基础

第二章　上衣

拼袖T恤

马甲

全内衬外套

打褶衬衫

第三章 裤子

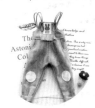
第四章 连衣裙

第五章　头饰

第六章　配饰及抱偶

纸样 / 152

Part 1

娃衣制作基础

基础工具

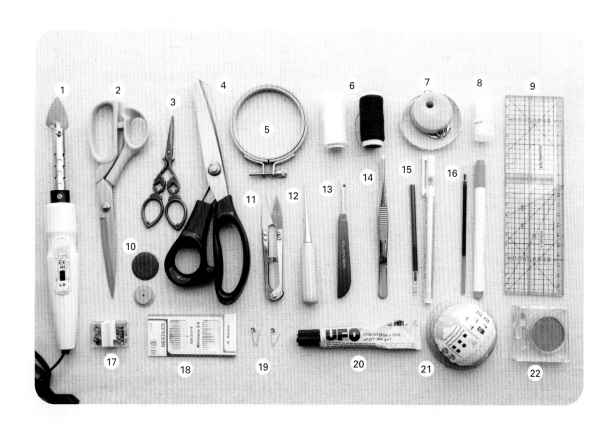

必备工具

② 裁缝剪刀

用来裁剪各种布料，注意不能用来裁剪其他东西，会损坏刀刃。

③ 普通剪刀

用来裁剪布料以外的其他东西，如纸张、绳子等。

⑥ 402缝纫线

用于日常缝纫，无论是机缝还是手缝都可以用，颜色可根据面料来选择。

⑦ 卷尺

用来测量非平面的物体尺寸，常用来给娃娃测量身体尺寸。

⑧ 锁边液

涂抹于布料边缘，可有效防止布料边缘散边。使用锁边液时，需要等锁边液完全干透以后才能开始缝合。也可以用丙烯调和液替代。

⑨ 尺子

常用于在平铺的布料上测量尺寸和画线。

⑪ 纱剪

用于修剪线头。因为纱剪刀刃比较薄，可以更加贴近布料将线头修剪得更加干净。

⑭ 防滑镊子

可用来给娃衣翻面或给抱偶填充棉花，可替代手指夹取各种微小配件，处理各种小细节。

⑮ 高温消笔

又叫热消笔，线迹较粗，用来在布料上描画纸样，用熨斗或吹风机热风即可清除痕迹。

⑯ 水消笔

用来在布料上描画纸样，线迹有粗有细，清水浸泡即可清除痕迹。

⑰ 珠针

用来临时固定需要缝合的两层布料，可替代疏缝（见13页）。

⑱ 手缝针

用于日常手缝，可准备多种型号，根据面料薄厚情况选择使用。

⑲ 小别针

用于穿松紧带或绳子。推荐规格：长约1.7cm，宽约0.4cm。

⑳ 酒精胶/布料胶

用来粘贴各种布料材质的小装饰，或临时固定两层需要缝合的布料。酒精胶会拉丝，若弄到深色布料上，干透以后会呈现出白色。使用布料胶粘贴物件时，需用手按压，等到胶水干透后再放手。

可选工具

① 笔式熨斗

体型小巧，又被称为迷你熨斗，可用来熨烫娃衣的缝份、褶皱等细节。

④ 牙形剪刀

又叫狗牙剪，刀刃呈三角形，可以用来给缝份（见13页）裁剪牙口，或给一些不会散边的布料裁剪波浪边，增加美观度。推荐规格：齿距宽4mm或5mm。

⑤ 绣绷

刺绣的时候用于固定绣布。绣布比较厚实挺括，且刺绣图案比较简单的情况下，可以不用绣绷。

⑩ 缝份圈

有助于画出均匀的缝份，非常适合新手。

⑫ 锥子

机缝娃衣时用来调整布料走势，或在布料上戳洞以便安装各种小配件。

⑬ 拆线器

用于拆除缝错的或不需要的缝纫线，新手必备。

㉑ 针插包

用来收纳手缝针和珠针。

㉒ 腮红

用来给抱偶或娃衣上的各种动物装饰化妆，增加娃衣的灵动性。

布料

针织类

优点｜柔软亲肤、耐磨、弹性好、不起球、裁剪后边缘不会散边。

缺点｜弹性大，机缝时容易出现跳针、卡布、布料变形等情况，可以在布料下面垫一张薄薄的A4纸一起缝纫来避免以上情况，缝好后将A4纸撕掉即可。

用途｜制作袜子、打底裤、睡衣、T恤、抱偶等。

选择建议｜常用的针织布料有棉毛针织、卫衣布料、莫代尔、坑条等。可以通过布料的克重来判断薄厚，克重越大，布料越厚，反之越薄。常用克重为300g/m~450g/m（布料商家常用克重单位为g/m，为方便读者选购，本书也采用g/m表示克重）。薄款可用于制作袜子或小尺寸娃衣，偏厚一些的可用来制作大尺寸娃衣或抱偶。

棉布类

优点｜种类繁多、款式与纹样丰富、使用范围广泛、无弹、机缝顺畅好车。

缺点｜易皱、深色容易掉色、裁剪后边缘会散边，需配合锁边液使用。

用途｜制作裙装、外套、衬衫、裤装、帽子、包包等。

选择建议｜常用的棉布有先染布、巴厘纱、水洗棉、斜纹布、提花布、牛仔布、涤棉、千丝棉等。购买印花布时一定要看清楚印花图案的尺寸大小。可以通过棉布的支数和克重来判断薄厚。棉布常见的支数有40支、60支、80支、100支，支数越大布料越薄，我自己常用的棉布支数为40支和60支。如果按照克重来进行选择，克重越大，布料越厚，反之越薄。常用克重为100g/m~350g/m。薄款常用于制作轻薄飘逸的裙装或小尺寸娃衣，中厚款可用于制作外套、裤子、帽子等款式。

优点 | 纹路清晰质感好、表面有一层绒毛、无弹、机缝顺畅好车。

缺点 | 裁剪时容易掉毛、边缘会散边，需配合锁边液使用。

用途 | 制作外套、裙装、裤装、帽子等。

选择建议 | 常用的灯芯绒有细条纹和粗条纹两种。细条纹克重220g/m，常用于制作外套、裤装和帽子。粗条纹克重430g/m，常用于制作大尺寸娃娃的裤装。使用灯芯绒时要注意区分顺毛和逆毛的方向，不同的绒毛方向在光源照射下会呈现颜色差异。

灯芯绒类

优点 | 柔软、保暖、自带萌感。

缺点 | 大都比较厚实、裁剪时容易掉毛。

用途 | 制作帽子、冬装等。

选择建议 | 常用的毛绒布料有摇粒绒、泰迪绒、毛呢、泰迪熊布料（专门用于制作泰迪熊玩偶的布料）等。可以通过布料的克重来判断薄厚，克重越大，布料越厚，反之越薄。常用克重为300g/m~500g/m。

毛绒类

棉麻类

优点 | 厚实耐磨、纹理清晰、颜色素雅。

缺点 | 质地较硬、易起皱。

用途 | 不太适合做娃衣，常用作刺绣布、拍照背景布、桌布等，也可以用来制作文艺风格的娃娃挎包。

选择建议 | 常用本白色的棉麻布料来制作刺绣布贴，克重约200g/m，紧密厚实，简单的图案不用绣绷也可以完成。

不织布

优点 | 颜色丰富、可任意裁剪成需要的图形、不会脱边。

缺点 | 易起球、不可高温熨烫。

用途 | 制作各种小装饰，如小标签、衣服口袋等，可用作刺绣底布。

选择建议 | 不织布用途较广，可用来制作各种衣服装饰，增加娃衣细节，让作品更加丰富有层次。推荐厚度1mm，可选择40色/套。

网纱类

优点 | 轻盈、柔软、有质感。

缺点 | 较薄、有弹性、不易裁剪、不好收纳。

用途 | 常用于制作唯美风的裙装。

选择建议 | 常见的网纱布料有欧根纱、点点纱、条纹网纱、泡泡纱、亮片纱等。本人常用的网纱有特密欧根纱和条纹网纱，欧根纱用于制作裙装，条纹网纱用于制作袜子。常用克重为35g/m。

辅助材料

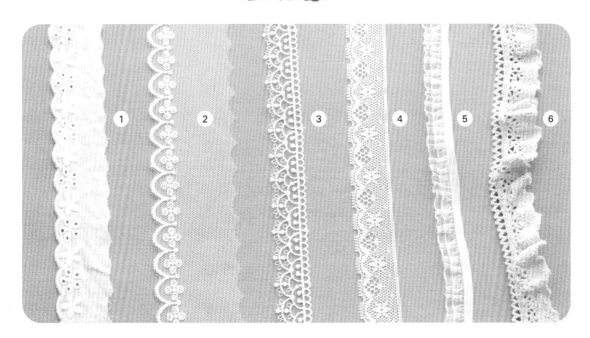

① 棉布花边

以棉布为底布进行刺绣，质地柔软、厚度适中、边缘会轻微散边，窄的可用于制作衣领或裙边装饰，宽的可直接用来制作裙摆。

② 网纱花边

以透明网纱为底布进行刺绣，质地柔软、不会散边，窄的可用于制作衣领或裙边装饰，宽的可直接用来制作裙摆。

③ 水溶花边

大多为镂空状图案，图案立体感强，质地较硬，一般不易机缝，需配合手工缝制。

④ 蕾丝花边

轻薄柔软、不会散边、半透明，用途广泛，可与布料拼接使用，让作品更有层次感，是娃衣制作中使用率较高的一类花边。

⑤ 弹力花边

一侧为弹力绳，一侧为花边，在装饰衣服的同时还具有一定的收口作用，常用于领口、袖口、裤脚口等位置。

⑥ 棉线花边

质地厚实，剪切后边缘会散边，花纹类似钩针类制品，可用于制作帽檐或裙边装饰。

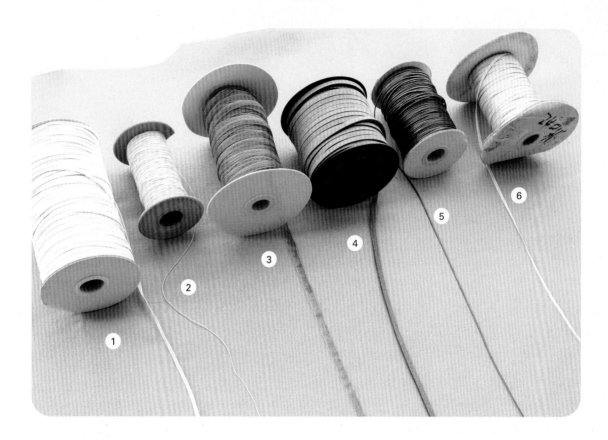

① **松紧带**

用于袖口、裤脚口、腰部等需要收口的地方。常用规格：宽3mm。

② **弹力线**

非常细、弹力好、便于隐藏，常用于制作帽子或发饰的绑带。常用规格：直径1mm。

③ **雪纱带**

半透明、颜色丰富，常用于制作帽子绑带或蝴蝶结装饰。

④ **皮绳**

比较厚实、颜色丰富，可用于制作大尺寸娃娃的

背包带和背带裤背带。常用规格：宽5mm，厚约1.4mm。

⑤ **蜡线**

有一定光泽度、圆形、结实耐磨，常用于制作OB11尺寸的娃包背带和背带裤背带。常用规格：直径1mm。

⑥ **丝带**

常用的丝带有真丝丝带和涤纶丝带两种。真丝丝带质地柔软飘逸，但是价格较高；涤纶丝带质地偏硬，价格相对便宜。常用规格：宽2~10mm。

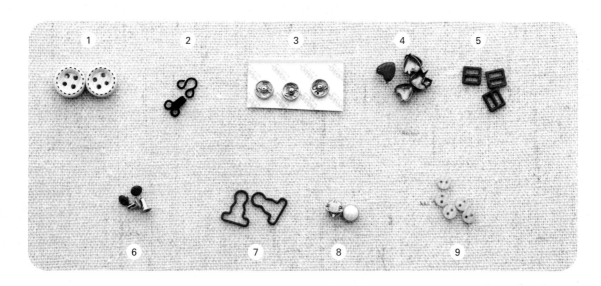

① 木扣

比较厚实，一般用于装饰。常用规格：直径10mm。

② 风纪扣

一个扣和一个勾为一对，可隐藏于衣服内部。常用规格：约8mm。

③ 按扣

又叫子母扣，一颗子扣和一颗母扣为一对，固定好后可隐藏于衣服内部。材质有金属和塑料两种，可根据喜好进行选择。常用规格：直径6mm。

④ 爪扣

顾名思义是有爪子的扣子，金属材质，将扣子扎进布料后弯折爪子即可固定。常用规格：5mm或6mm。

⑤ 日字扣

需配合绳子使用，除了能调节绳子长短外，还具有装饰作用。常用规格：内径3mm或5.5mm。

小号用于OB11尺寸娃娃的服饰，大号可用于各种大尺寸娃衣。

⑥ 蘑菇钉

一颗子扣和一颗母扣为一对，需配合蘑菇冲、冲子以及橡胶锤进行安装，常和葫芦扣搭配用于制作背带裤。常用规格：直径4mm。

⑦ 葫芦扣

需要和蘑菇钉一起搭配使用，常用于背带裤。常用规格：4mm或9mm。小号用于制作OB11尺寸娃娃的娃衣，大号可用于各种大尺寸娃衣。

⑧ 铜底珍珠扣

可配合纽襻（扣住纽扣的环状物件）一起使用。常用规格：直径5mm、6mm、7mm或8mm，可根据需求选择合适的尺寸。

⑨ 圆扣

颜色丰富，有塑料和金属两种材质，可根据喜好进行选择。常用规格：直径4mm或5mm。

① 毛球

颜色丰富，可用于各种部位的装饰。常用规格：直径1cm或2cm。

② 金属吊坠

规格较多，款式丰富，可根据喜好进行选择。

③ 烫画

可通过热转印的方式将图案印在布料上。尽量选择小尺寸，购买时请务必看清楚图案尺寸。

④ 织唛

含有图案和LOGO的布标，可用于装饰娃衣。

⑤ 铃铛

颜色丰富，声音清脆，可用于各种部位的装饰。常用规格：5mm。

⑥ 填充棉

一般选用高弹PP棉，可水洗。常用于制作抱偶。填充棉花时，不要一次性塞太多，一点一点往里塞才会均匀好看。

⑦ 刺绣贴

图案都是刺绣而成，背面带胶，可直接粘贴在衣服上，使用方便。

⑧ 仿真眼珠

用于制作各种小动物，让小动物的眼睛更加逼真灵动。眼珠的规格和材质比较丰富，有玻璃圆球眼珠、玻璃贴片眼、塑料可动眼、塑料平底眼等，不同的眼珠会带来不同的效果。

⑨ 米珠

可用于各个部位的装饰，让服饰显得更加华丽。常用规格：2mm或3mm。

⑩ 绣线

用于刺绣各种图案。

⑪ 水溶纸

用于拓印刺绣图案，有半透明和全透明两种。半透明水溶纸不易打滑，但是容易洇墨；全透明水溶纸拓印图案清晰不洇墨，但是容易打滑。

⑫ 仿真花

种类繁多，有花朵类、叶材类、果实类，尺寸也多种多样。选购时记得要看清楚尺寸。

常用缝纫专业术语

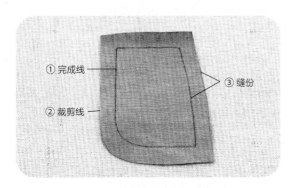

① 完成线
② 裁剪线
③ 缝份

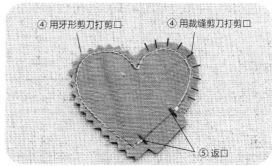

④ 用牙形剪刀打剪口
④ 用裁缝剪刀打剪口
⑤ 返口

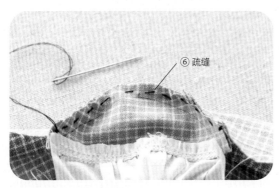

⑥ 疏缝

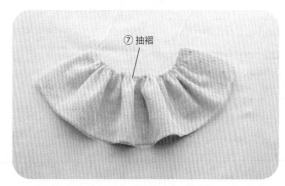

⑦ 抽褶

⑧ 明线

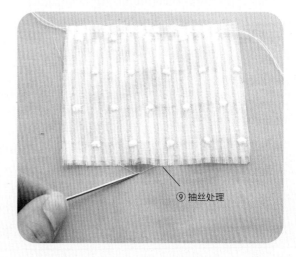

⑨ 抽丝处理

① **完成线**

又叫缝合线，同时也是纸样的净样尺寸。

② **裁剪线**

布片最终的裁剪边缘。

③ **缝份**

为了缝合布片，需要在完成线外预留一定的余量，完成线和裁剪线之间的这部分余量就是缝份。可根据自己的习惯预留0.5~1cm的缝份。

④ **打剪口**

弧线边的缝份部分翻面后会堆叠在一起，导致服装不够平整，所以翻面前需要将弧线边的缝份每隔一段距离剪开，这就叫打剪口。打剪口有两种方式，一种是用牙形剪刀裁剪缝份，另一种是用裁缝剪刀在缝份上每隔一段距离剪一个口子。无论选择哪种方式，注意都不能剪到完成线。

⑤ **返口**

又叫翻口，缝合布料时预留的小口，用于将缝好的布料从反面翻至正面。

⑥ **疏缝**

临时将两片需要缝合的布料简单固定在一起，为

正式缝合做准备。正式缝合完成后需将疏缝线拆除。

⑦ **抽褶**

又叫缩褶，常运用于裙子和袖子的制作，能够增加服装的美感。抽褶方式有两种，一种是手缝抽褶，用平针法（见17页）缝一条线进行抽褶；另一种是机缝抽褶，车2条平行线进行抽褶。制作抽褶线时需要根据布料的薄厚调整针距，布料越厚针距越宽。

⑧ **明线**

指在衣服表面明显看得见的线迹，可作为装饰，也可以使服装更加平整牢固。一般使用平针法压明线。

⑨ **抽丝处理**

很多布料裁剪后都会出现散边的情况，可以利用这一特点进行抽丝处理，做出流苏的效果。裁剪布料时不要倾斜，然后用手缝针将布料边缘的横向织线一根根挑出来，这个过程叫作抽丝处理，失去横向织线的布料边缘就会呈现出流苏的效果。

布料排版及裁剪

1. 布料的幅宽和长度

我们可以把布料想象成卷纸，幅宽就是卷纸的高度，是固定不变的数据。而长度是可变的，且两条长边边缘有毛边和针眼。

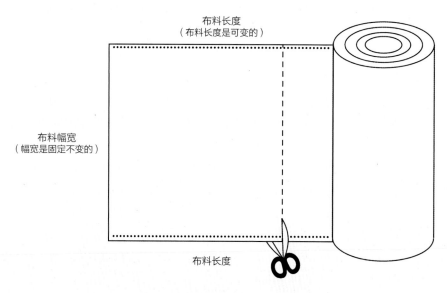

新买的布料通常会有两条毛边，毛边内还有两排针眼。可据此来判断布料的幅宽边和长度边。

2. 如何在布料上排版纸样

大部分纸样都会标有箭头，箭头代表的是布纹方向（未标箭头的纸样表示不需要区分布纹方向）。在布料上排版纸样时，要将箭头与布料毛边（布料长度边）方向平行。

本书的纸样均为净样，裁剪时需要自行预留0.5~1cm的缝份。因此在布料上排版时，纸样不能过于靠近布料边缘，且每个纸样之间都要留出至少1cm的间距作为缝份。

如果布料没有毛边，可根据不同布料的特点进行判断。

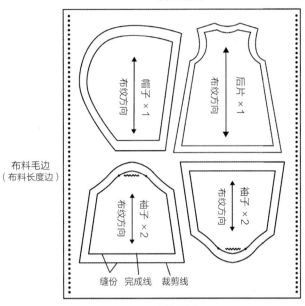

布料幅宽边

布料毛边（布料长度边）

领子×1
布纹方向

后片×1
布纹方向

袖子×2
布纹方向

袖子×2
布纹方向

布料毛边（布料长度边）

缝份　完成线　裁剪线

布料幅宽边

针织类布料和灯芯绒都有明显的布纹，排版纸样时将纸样箭头方向与布纹方向平行。

无弹性的印花类布料排版纸样时要根据印花图案的方向来摆放纸样。

无弹性的格子、波点及条纹类布料排版纸样时无需看布纹方向，避免纸样歪斜即可。

毛绒类布料排版纸样时注意绒毛的顺逆方向即可。

服装结构

　　娃衣制作中常会看到各种服装结构的名称，除了大家比较容易理解的衣领、袖子、口袋、帽檐等，还有一些难以理解的专业名称，介绍如下。

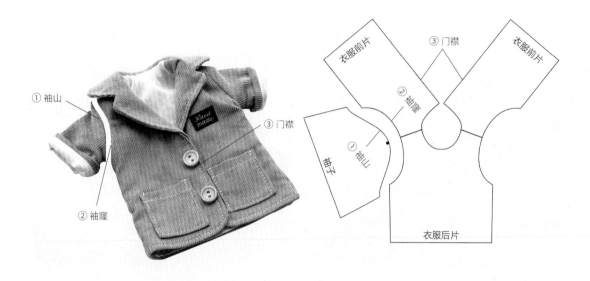

① 袖山
袖子与衣身缝合连接的位置，因形状像凸起的小山，故名袖山。

② 袖窿
衣身上与袖子缝合连接的位置，袖窿在衣身上，袖山在袖子上。

③ 门襟
为了方便穿脱在服装上制作的开襟（开口），通常需要在门襟上安装扣子、拉链、魔术贴等辅料完成门襟的开合。门襟的形式多种多样，本书主要介绍前门襟（开在前面）和后门襟（开在后背）的制作方法。

手缝针法

1. 平针法

常用于制作一些不需要太牢固的缝合，如疏缝、装饰线等。正反两面针脚相同。

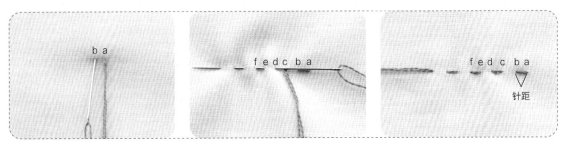

a点出针，b点入针，c点出针，d点入针，重复此操作。针距（起针点与落针点之间的距离）3mm左右，尽量保持均匀细密。

2. 回针法

这是一种很牢固的手缝针法，正面的针脚和机缝线迹相似，是手缝针法里最常用的一种。

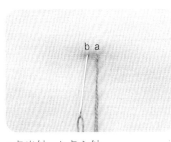

a点出针，b点入针。

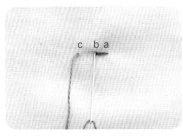

c点出针，回到b点入针。

d点出针，回到c点入针，e点出针，回到d点入针，重复此操作。针距尽量均匀细密。

3. 藏针法

常用于在服装正面缝合返口或固定装饰物，缝好后看不见针脚，因此被称为藏针法。

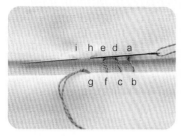

a点出针，b点入针，c点出针，d点入针，重复此操作。

每缝四五针拉紧针线，针脚即可隐藏起来。

4. 打结法

缝合结束时用于固定缝线的一种针法。

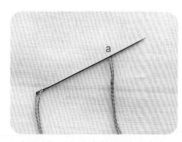
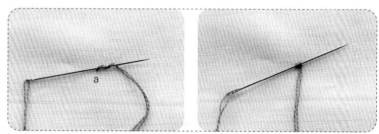

a点出针，然后将针的前端放在a点。

将缝线在针的前端绕两圈，并拉紧缝线。

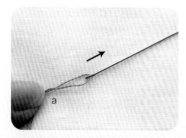
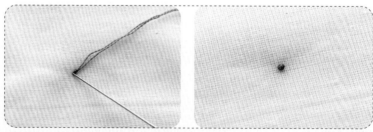

用手指按住绕线的地方，另一只手将针线完全拉出。如果是在布料的反面缝合，到这一步即可收尾剪线。

如果是在布料的正面缝合，还需要将针再紧贴打结处入针，穿到布料背面收尾剪线。

刺绣针法

1. 直线绣

常用于绣较细的直线。

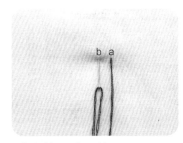 

a点出针，b点入针。　　　　　　　针距长短、方向可随意调整。是比
　　　　　　　　　　　　　　　　较自由的一种针法。

2. 雏菊绣

常用于绣小雏菊等花瓣或形状较小的叶子。

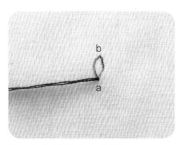 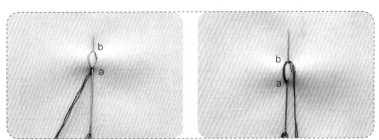

从a点将针线穿出布面。　　再回到a点入针，b点出针，并把绣线绕过针的前端，这时将针线完全
　　　　　　　　　　　　拉出。

紧贴b点，从绣线外侧入针，固定好b点，完成形状。

3. 轮廓绣

常用于绣图形外轮廓或花草枝干。

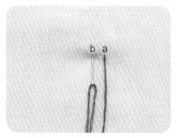 

a点出针，b点入针。　　　　　　　c点出针，将针线完全拉出。

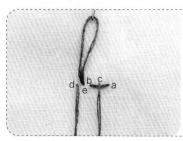 

d点入针，e点出针，重复此操作。

4. 结粒绣

常用于绣花芯或小碎花装饰。

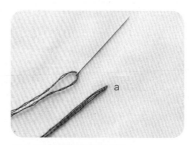 

从a点将针线穿出布面。　　　　　将绣线在针的前端绕一圈，紧贴a点入针。

 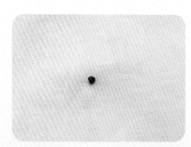

拉紧绕线，使其紧紧贴合于布面，另一只手将针线完全拉出。　　结粒绣完成。

5. 缎面绣

常用于大面积的填色刺绣。

a点出针，b点入针，紧贴b点出针，紧贴a点入针，一针紧贴一针，重复此操作。建议从中间往两边绣，以保证左右对称。

6. 劈针缝

可以用于绣图形的外轮廓，效果和轮廓绣相似；也可以用于大面积的填色刺绣，效果比缎面绣更加紧实立体。

a点出针，b点入针，绣出第一个针脚。

从第一个针脚的正中间c点出针。

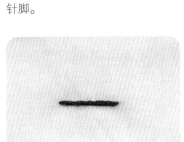

d点入针，重复上面的操作。

劈针缝完成。

缝纫机新手指南

1. 新手怎么快速上手

正规渠道购买缝纫机时商家都会提供缝纫机使用说明
视频教程，请务必认真观看学习，这是了解这台机器最有
效的方法。一般情况下，发货前商家会调整好每一台缝纫
机的参数，不需要购买者再做过多的调整，可直接使用。
如在使用过程中有任何问题都可以咨询商家解决。

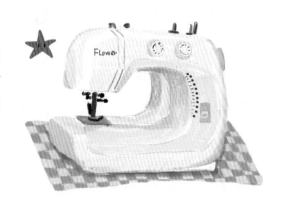

2. 针距的调节

娃衣比成衣小很多，所以针距也不能太宽，基础缝纫推荐针距2~2.5mm，打褶针距推荐2.5~3.5mm。一
般来说，使用薄面料时需将针距调小，使用厚面料时需将针距调大。

3. 新手如何车出漂亮的线迹

线迹的练习有两种，直线练习（同心方）和曲线练习（同心圆）。建议使用无弹性的布料进行练习。直
线练习需注意，在转角时可调整针距大小以保证机针刚好可以落在转角处，转至直线缝合时需把针距再次调
整到原来的大小。曲线练习需注意，弧度较大的地方要放慢缝合速度，边缝边抬起压脚转动布料。缝纫新手
可参考下面的同心方和同心圆多练习。

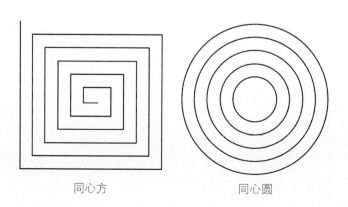

同心方　　　　　　　　　　　同心圆

娃衣制作基本流程

1. 裁剪纸样

　　将纸样沿边缘线裁剪下来。本书除了提供1:1纸质版纸样，还提供1:1电子版纸样（下载链接见152页）。

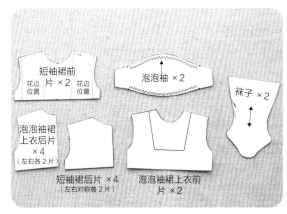

2. 确认布料的正反面及布纹方向

　　描画纸样前需要先确认布料的正反面及布纹方向。通常情况下都是在布料的反面描画纸样，这是因为大部分服装都是在反面进行缝合制作，做好后再翻到正面。少数情况会在布料的正面描画纸样，会在教程中提示说明。

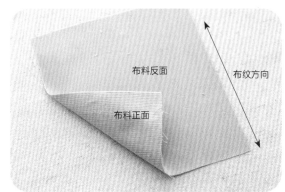

3. 描画纸样

　　将布料反面朝上铺平摆放，取对应的纸样放在布料上，沿纸样边缘描画。注意纸样的箭头方向要与布料纹路方向平行，且每个纸样之间要留足缝份的位置。纸样上有标记点的地方也需要标注出来。

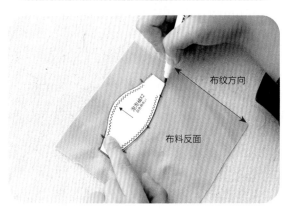

4. 裁剪布片

本书中的纸样均为净样，大部分布片都需要预留缝份之后再进行裁剪，偶有特殊情况裁剪时不需要预留缝份，会在教程中提示说明。机缝建议缝份留宽一些（0.8cm左右），手缝可以留窄一些（0.5cm左右）。裁剪完毕后在布料边缘涂一圈锁边液防止布料散边，锁边液完全干透以后就可以开始缝合制作了。

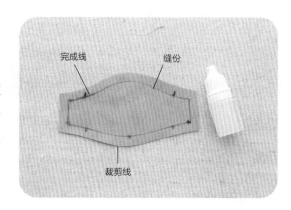

5. 缝合

根据教程提示，按照步骤进行缝合制作。教程中的基础缝合均使用回针法（见17页），用到其他针法的地方教程中会有提示说明。部分款式图文教程和视频教程的制作方法并不是完全相同的，制作方法有很多，不同的制作方法能得到同样的效果。

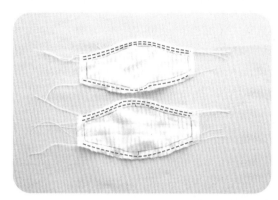

6. 清除线迹

衣服做好后需要清除布料上留下的所有笔迹线，有的装饰物不能碰水，如仿真花等，需要先清洗衣服再进行最后的装饰。如果使用的是高温消笔，用熨斗熨烫或者吹风机热风即可消除线迹。如果使用的是水消笔，需要放入水中浸泡清洗，注意要用冷水，无需放任何清洁剂，不要揉搓，可反复多漂洗几次，直至线迹完全消失，然后放在阴凉通风的地方晾干，避免暴晒。

高温消笔笔迹线消除

水消笔笔迹线消除

做好娃衣的诀窍

1. 慢工出细活

手工制品之所以珍贵，是因为我们把宝贵的时间物化成了手中看得见摸得着的物件。手作是一件非常耗费时间和精力的事情，慢工出细活，这是做手工亘古不变的真理。无论是手缝还是机缝，"慢"是肯定的，切勿心浮气躁，急功近利。慢下来，好好享受属于你的手作时光。

2. 尝试做原创

如果想成为一名贩售娃衣的手作人，请一定要做自己的原创作品。娃圈非常重视作品版权，原创作品能让你走得更远。等积累了一定的经验后，自然就能得心应手了。所以，一定要勤动手，勤思考。

3. 劳逸结合

手工爱好者多多少少都会被肩颈病所困扰。建议大家每次做手工时给自己定一个闹钟，每1个小时起来休息活动10分钟，可以做做肩颈操、做做家务、眺望远方等。健康的身体才能让你的爱好和梦想走得更远。

Part 2

第二章

上衣

拼袖T恤

制作难度 ｜ ★★☆☆☆

纸样尺寸 ｜ OB11、OB24、BJD6分、大鱼体（OB24、BJD6分、大鱼体纸样通用）

图文教程演示尺寸 ｜ OB24/BJD6分/大鱼体

视频教程演示尺寸 ｜ OB24/BJD6分/大鱼体

实物1：1纸样 ｜ 153页

视频教程

材料清单

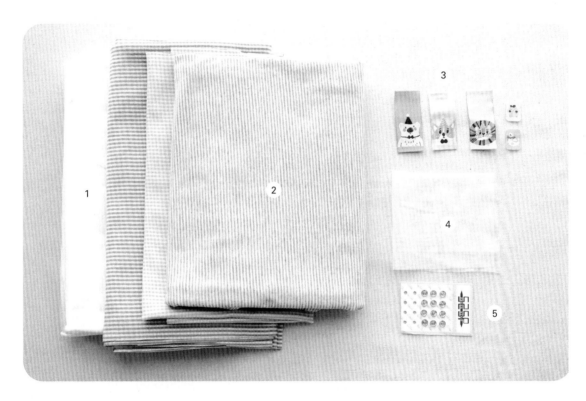

① 白色卫衣布（克重410g/m）

② 条纹针织布（克重320g/m）

③ 卡通织唛（大号：2.5cm×5.5cm；小号：1.6cm×2cm）

④ 网纱（克重约40g/m）

⑤ 按扣（直径6mm）

小贴士

· OB11娃衣纸样前后片是连在一起的，可以省去前后片肩部缝合的步骤。

· 织唛可以替换为烫画。

缝制步骤

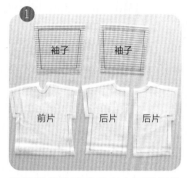

根据纸样分别裁剪出上图所示的裁片，裁剪时至少预留0.5cm的缝份，针织布料不会散边，不用涂锁边液。

将前后片正面相对重叠，对齐肩线并沿完成线缝合。

缝好后将肩部缝份往两边展开烫平，然后将后片翻上去。

将袖子的上边缘（较宽的一侧）与衣服袖窿边对齐，注意衣服和袖子是正面相对，对齐后沿完成线缝合。

缝好后将缝份往衣服方向翻，在袖子接缝处往内约0.2cm的位置用平针法（见17页）压一条明线。

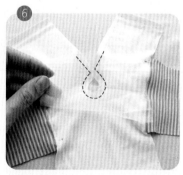

剪下一块网纱（尺寸可以大一些，缝好后再进行修剪），铺在衣服正面，沿完成线缝合后门襟上半部分和领口一圈。

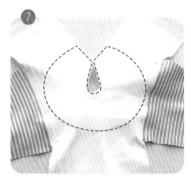

⑦ 缝好后剪去多余的网纱，图中红色虚线围合的形状代表网纱留下的部分。

⑧ 剪去后门襟转角处的两个尖角，并在领口一圈打剪口，注意不能剪到缝合线。

⑨ 将网纱向衣服反面翻折，将领口和后门襟整理整齐，然后沿后门襟和领口边缘向内约0.3cm的位置压明线。

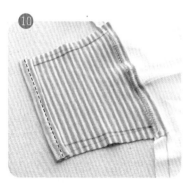

⑩ 将袖口边缘沿完成线向衣服反面翻折并缝合固定。

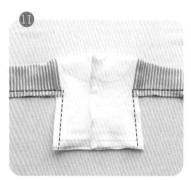

⑪ 以肩线为对折线，将衣服正面相对对折，对齐袖子底部、衣服侧边和底边，然后沿完成线缝合袖子底部和衣服侧边。

⑫ 将腋窝处的缝份剪开，注意不要剪到缝合线。

⑬ 将衣服底边沿完成线向衣服反面翻折，沿边缘向内约0.3cm的位置缝合。

⑭ 用针线将织唛缝合在衣服正中间，织唛多余的部分可以向内翻折一起固定，缝合时针脚可以随意一些，更具手工感。

⑮ 在后门襟的位置固定3对按扣（OB11娃衣固定2对即可），T恤制作完成。

马甲

制作难度 | ★★☆☆☆

纸样尺寸 | OB11、OB24、BJD6分、大鱼体（Blythe小布、BJD6分、大鱼体纸样通用）

图文教程演示尺寸 | OB24/BJD6分/大鱼体

实物1∶1纸样 | 154页

材料清单

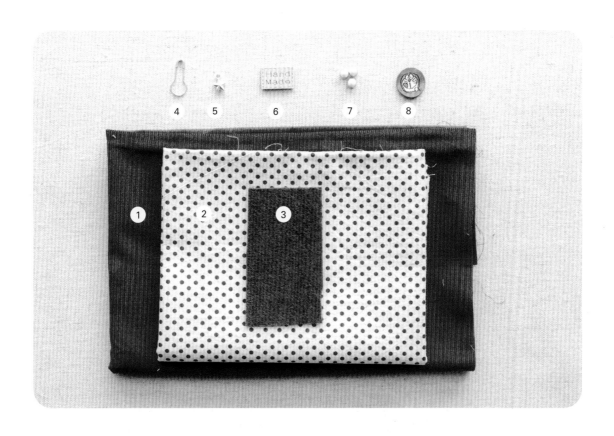

① 锈红色全棉细条纹灯芯绒（克重220g/m）

② 波点棉布（克重约180g/m）

③ 深棕色不织布（厚度1mm）

④ 葫芦别针（长2.2cm）

⑤ 五角星吊坠（规格8mm）

⑥ 鹿皮绒布贴（规格1.2cm×2cm）

⑦ 铜底珍珠扣（直径6mm）

⑧ 卡通织唛（直径1.8cm）

缝制步骤

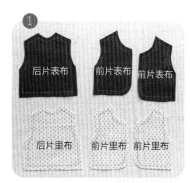

根据纸样分别裁剪出上图所示的裁片，裁剪时预留至少0.5cm的缝份，并在布片边缘涂一圈锁边液。

分别将表布和里布的前后片正面相对重叠对齐，沿完成线缝合肩部。

缝好后将肩部缝份往两边展开烫平。

将表布和里布正面相对重叠对齐，用珠针临时固定表布和里布，防止移位，然后缝合领口和袖窿。

缝好后，将领口和袖窿处的缝份修剪至0.3cm左右，并打剪口，注意不要剪到缝合线。

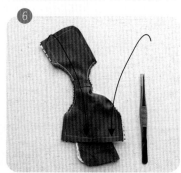

借助镊子将左右两边的前片布料全部塞进肩部，并从后片底部拉出来（箭头方向），将整个马甲翻至正面。

⑦ 将衣服整理整齐，衣服正面如图所示。

⑧ 以肩线为对折线，将上衣正面相对对折，对齐底部直线边。

⑨ 将两层里布向上翻，里布和里布侧边对齐，表布和表布侧边对齐，沿完成线缝合侧边。

⑩ 用同样的方法处理缝合另一侧。

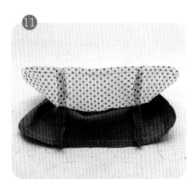

⑪ 两侧缝好后，将缝份往两边展开，熨烫平整。

⑫ 将领口整理到中间，表布和里布正面相对重叠对齐（参考步骤13的图）。

⑬ 沿完成线缝合表布和里布的门襟和底边，注意预留一个3cm的返口不缝合。

⑭ 缝好后将缝份修剪至0.3cm左右。在转角处打剪口，注意不要剪到缝合线。

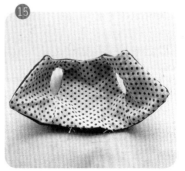

⑮ 从返口将马甲翻至正面，整理整齐。

将返口边缘沿完成线向内翻折，用藏针法（见18页）缝合。

沿马甲边缘向内约0.2cm的位置用平针法压一圈明线。

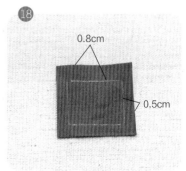

剪下1片直角贴袋，裁剪时袋口边预留0.8cm的缝份，其余3条边预留0.5cm的缝份。

将袋口边沿完成线向内折，用布料胶固定。

其余3条边也分别沿完成线向内折，并熨烫定型。

将折好边的口袋放在衣服上，沿口袋边缘向内约0.2cm的位置用明线固定，注意袋口不缝合。

取1片灯芯绒布料正面相对对折，在布料反面画出袋盖，并缝合弧线边。

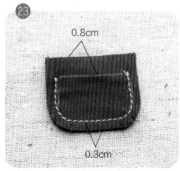

缝好后预留缝份将袋盖剪下来，裁剪时直线边预留0.8cm的缝份，其余3条边预留0.3cm的缝份。

将袋盖翻至正面，然后将袋盖直线边对齐袋口，沿袋盖直线边向上约0.5cm的位置缝合固定。

将袋盖往下翻，用熨斗熨烫定型。

在深棕色不织布上剪下1片圆角贴袋（裁剪时不需要预留缝份），沿边缘向内约0.2㎝的位置用平针法缝装饰线。

用布料胶将卡通织唛贴在口袋中间。

用布料胶将贴袋粘贴在马甲上，注意胶水只需要涂抹在口袋弧线边上，袋口和中间部分都不需要涂胶，这样做出来的口袋才能装东西。

将星星吊坠和别针别在袋盖上，在前门襟固定3颗珍珠扣，用布料胶将鹿皮绒布贴粘贴在衣服上，马甲制作完成。

全内衬外套

制作难度 | ★★★★☆

纸样尺寸 | OB24、大鱼体、BJD6分（三个尺寸纸样通用）

图文教程演示尺寸 | OB24/大鱼体/BJD6分

视频教程演示尺寸 | OB24/大鱼体/BJD6分

实物 1：1 纸样 | 155页

视频教程

材料清单

① 绿色全棉细条纹灯芯绒（克重220g/m）

② 白色斜纹棉布40支精梳（克重200g/m）

③ 木扣子（直径1cm）

④ 按扣（直径6mm）

⑤ 织唛（规格不限）

小贴士

制作全内衬的娃衣时建议选择薄一些的面料，偏厚的面料会让成品显得臃肿。

缝制步骤

根据纸样提示裁剪出对应数量的裁片，裁剪时预留至少0.5cm的缝份，并在布片边缘涂一圈锁边液。

将灯芯绒正面相对对折，在布料的反面画出衣领的形状，然后沿完成线缝合除领口外的3条边。

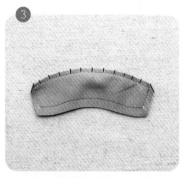

缝好后将衣领裁剪下来，裁剪时缝合边预留0.3cm的缝份即可，领口正常预留缝份。然后在缝合边上打剪口。

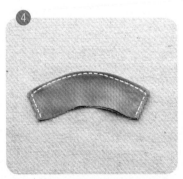

将衣领翻至正面，沿边缘向内约0.2cm的位置压明线，注意领口不压线。

将衣服表布前后片正面相对重叠对齐，沿完成线缝合肩部。

缝好后将肩部的缝份往两边展开烫平。

将袖子的袖山与衣服袖窿对齐并缝合，建议先用疏缝固定，再进行正式的缝合，缝好后将疏缝线拆除。

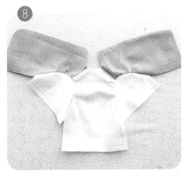

用同样的方式将衣服里布的前后片以及袖子缝合在一起。

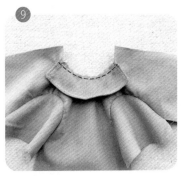

将衣领放在表布正面，对齐领口中心点和领口边缘，用疏缝临时固定。

将衣服表布和里布正面相对重叠对齐，沿完成线缝合前门襟、领口、袖口以及后片底边，注意后片底边预留3cm的返口不缝合。缝好后将领子的疏缝线拆除。

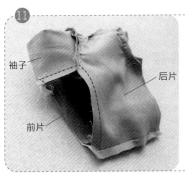

缝好后，将袖子正面相对对折（里布对里布，表布对表布）。与此同时，将衣服前片穿过袖子塞进后片里，前片与后片正面相对重叠对齐，并沿完成线缝合袖子底边和衣服侧边。

缝好后在转角和腋下的位置打剪口，然后从预留的返口将衣服翻至正面，整理整齐，并进行熨烫。

沿衣服边缘向内约0.3cm的位置压一圈明线。

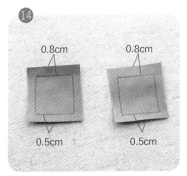

剪下2片直角贴袋，裁剪时袋口边预留0.8cm的缝份，其余3条边预留0.5cm的缝份。

将袋口边沿完成线向内折，并进行缝合。

其余3条边也分别沿完成线向内折，并熨烫定型。

将折好边的口袋放在衣服上，沿口袋边缘向内约0.2cm的位置缝合固定除袋口边外的其余3条边。

在前门襟的位置固定2对按扣。

固定木扣子，用布料胶将织唛贴在衣服上进行装饰。全内衬外套制作完成。

打褶衬衫

制作难度 | ★★★★★

纸样尺寸 | OB11、OB24、BJD6分、大鱼体（BJD6分和大鱼体纸样通用）

图文教程演示尺寸 | BJD6分

视频教程演示尺寸 | OB11、OB24

实物1:1纸样 | 156页

视频教程（OB11） 视频教程（OB24）

材料清单

① 白色斜纹棉布40支精梳（克重200g/m）
② 白色纯棉巴厘纱60支精梳（克重100g/m）
③ 棉布花边（宽2.5cm）

④ 塑料圆扣（直径4mm）
⑤ 按扣（直径6mm）
⑥ 弹力花边（宽8mm）

小贴士

· OB11娃衣尺寸较小，建议表布和里布都使用更薄的60支巴厘纱棉布。

· 图文教程中的BJD6分和视频教程中的OB11、OB24娃衣的制作方法有两处差异。第一处差异是袖子的制作，因为BJD6分娃衣袖口是弧线，直接内折边缘缝份会产生多余的量，增加缝合难度，所以袖口做成了花边装饰。第二处差异是衣领的处理，BJD6分娃衣的衣领与后门襟没有缝在一起，这样在搭配外套穿着时可以将领子翻出来；OB11和OB24娃衣的衣领与后门襟是缝合在一起的，这样衬衫更加平整美观，但是在搭配外套穿着时领子不能外翻，大家可自行选择制作方式。

数据参照表

素体尺寸	领口花边	袖口抽褶尺寸	胸口打褶线间距
OB24	22cm	4~5cm	0.4cm
OB11	18cm	3~4cm	0.3cm
BJD6 分	22cm	7cm	0.4cm
大鱼体	22cm	5cm	0.4cm

缝制步骤

①

准备一张长约18cm，宽约13cm的白色斜纹棉布，沿长边对折棉布，将中心线作为0号线。展开布料，在布料正面中心线左右两边分别画6条直线，每条线间距0.4cm。褶子需要熨烫，建议使用水消笔画线。

②

沿右边的1号线折叠布料，在折叠边向内0.1~0.2cm的位置压一条明线。

③

沿右边的4号线折叠布料，在折叠边向内0.1~0.2cm的位置压一条明线。

④

将1号线与3号线对齐，4号线与6号线对齐，并用熨斗压烫定型。

⑤

左边重复步骤2~4，两边都完成后如上图所示。

⑥

将前片的纸样放在打好褶的布料正面，纸样中心点对齐0号线，描画纸样。注意是在布料正面描画纸样。

预留至少0.5cm的缝份裁剪，作为前片表布待用。

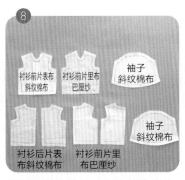

衬衫前片表布斜纹棉布　衬衫前片里布巴厘纱　袖子斜纹棉布

衬衫后片表布斜纹棉布　衬衫前片里布巴厘纱　袖子斜纹棉布

根据纸样裁剪出对应数量的裁片，裁剪时预留至少0.5cm的缝份，并在布片边缘涂一圈锁边液。

将表布前后片正面相对，对齐肩线，然后沿完成线缝合。

缝好后将肩部缝份往两边展开，用熨斗烫平。

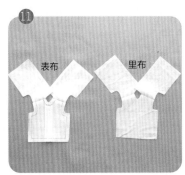

表布　里布

用同样的方法将里布前后片肩线缝合。

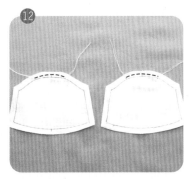

在袖山缝份的中间缝一条抽褶线，手缝用平针法，机缝注意将线距调宽。

拉紧缝线，做出抽褶。

将袖子与衣服表布正面相对，对齐袖山与袖窿，用疏缝的方式临时固定。

在疏缝的基础上进行正式的缝合，将两片袖子固定在衣服上。缝好后拆除疏缝线。

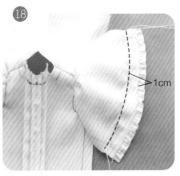

剪一段与袖口等长的弹力花边，将花边的松紧带与袖口的完成线对齐缝合。

将花边往袖口方向翻，缝份往衣服方向翻。在袖口正面花边与袖口接缝处向内0.2cm处压一条明线。

在袖口边缘向内1cm处用平针法缝一条抽褶线。

拉紧抽褶线，在袖子上做出抽褶，抽褶后的长度为7cm。

剪一段长22cm的棉布花边，在边缘向内0.3cm处用平针法缝一条抽褶线。

将花边长度调整到和领口边相等的长度，然后将两端折叠一个缝份的宽度并缝合（不会脱线的花边两端边缘可以不用处理）。

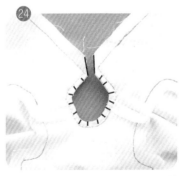

将花边边缘与领口边缘对齐，注意花边两端不要超过后门襟的完成线，用疏缝的方式将花边固定在领口上。

将表布和里布正面相对重叠对齐，沿完成线缝合领口一圈以及后门襟的上半部分。缝好后将疏缝线拆除。

剪去后门襟转角处的尖角，修剪领口处的缝份至0.3cm左右，并打剪口，注意不要剪到缝合线。

在里布袖窿处的缝份上打剪口。

将缝份往里翻折，用布料胶粘贴固定。

以肩线为对折线，将里布正面相对对折，缝合两侧。

以肩线为对折线，将表布正面相对对折，对齐袖子底边和衣服两侧并缝合。缝好后在腋窝转角的位置打剪口，注意不要剪到缝合线。

将表布和里布正面相对重叠对齐，将缝份往两边展开烫平，将表布和里布缝合在一起。

将衣服边缘的缝份修剪至0.3cm左右，剪去转角处的两个尖角。

在里布上任选一个袖口作为返口，将衣服翻至正面，整理整齐。沿衣服边缘向内0.2~0.3cm的位置压一圈明线，注意不要压到衣领两端。

在衣服正中间固定3颗彩色扣子作为装饰。

在衣服后门襟的位置固定两对按扣，衬衫制作完成。

Part 3

第三章

裤子

基础长裤

制作难度 | ★★☆☆☆

纸样尺寸 | OB11、OB24、BJD6分、大鱼体

图文教程演示尺寸 | OB24

实物1：1纸样 | 157页和158页

材料清单

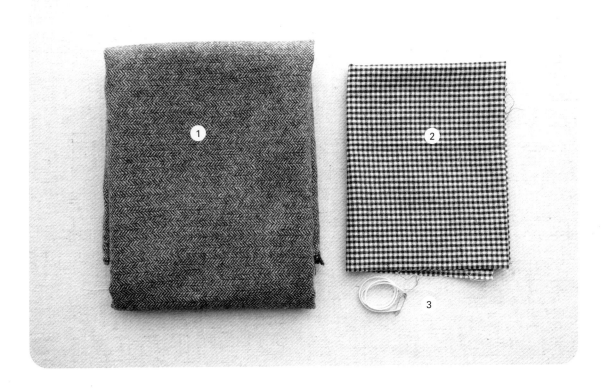

① 人字毛呢（克重360g/m）

② 纯棉先染格子布（克重160g/m）

③ 松紧带（宽0.3cm）

小贴士

本案例是基础款长裤，可以在其基础上进行简单的变化和创作，比如把斜插袋换成贴袋，把裤脚拆分
再拼接等，做出更多的层次感。

缝制步骤

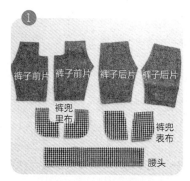

根据纸样裁剪出对应数量的裁片，裁剪时预留至少0.5cm的缝份，并在布片边缘涂一圈锁边液。

将裤子前片与裤兜里布正面相对，对齐口袋边缘，沿完成线缝合口袋上边缘。

在缝份处凹进去的位置打剪口，注意不能剪到缝合线。

将口袋里布往裤子反面翻，熨烫平整，并在口袋边缘向内0.2cm处压一条明线。

将裤兜表布与裤兜里布正面相对，对齐弧线边缘，沿完成线缝合。注意只缝合两层口袋，不能缝到裤子。

将两片裤子前片正面相对，沿完成线缝合前裆。

⑦ 缝好后将前裆的缝份往两边展开烫平。

⑧ 将裤子翻到正面，在裤缝左右两侧0.2cm处各压一条明线。

⑨ 将裤子前后片正面相对重叠对齐，沿完成线缝合两条侧边。

⑩ 缝好后展开如上图所示，将缝份往两边展开烫平。

⑪ 将腰头正面相对对折，熨烫定型。

⑫ 将腰头开口长边与裤子腰部边缘对齐，用珠针固定，然后沿完成线缝合（腰头多余的部分可以直接剪掉）。

⑬ 将腰头往上翻，缝份往下倒，在腰部接缝线向下约0.2cm的位置压一条明线。

⑭ 剪下9cm长的松紧带，在一端别一个小别针。（不同尺寸娃衣的松紧带长度见157页和158页的腰头纸样。）

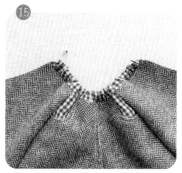

⑮ 用别针将松紧带穿进腰头中，将松紧带两端缝合固定在腰头两端。

将裤子正面相对对折，对齐后裆，沿完成线缝合。

分别将两只裤脚口沿完成线向裤子反面翻折并缝合。

将裤子前后片正面相对，对齐下裆以及裤脚口，沿完成线缝合下裆。

缝好后在裆部中间的位置打剪口，注意不要剪到缝合线。

将裤子翻至正面，裤子制作完毕。

背带裤

制作难度 | ★★★★☆

纸样尺寸 | OB11、OB24、BJD6分、大鱼体

图文教程演示尺寸 | OB24

视频教程演示尺寸 | OB24

实物1∶1纸样 | 159~161页

视频教程

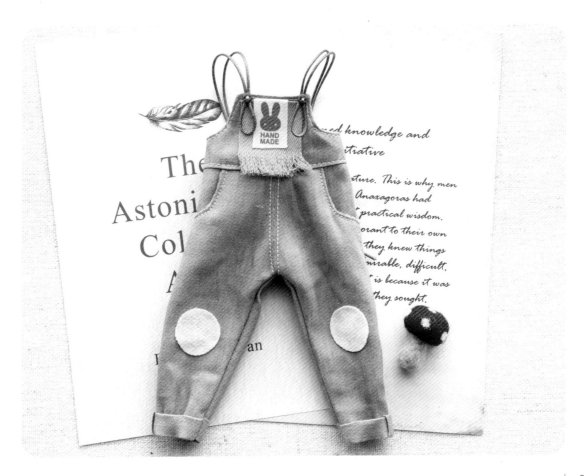

材料清单

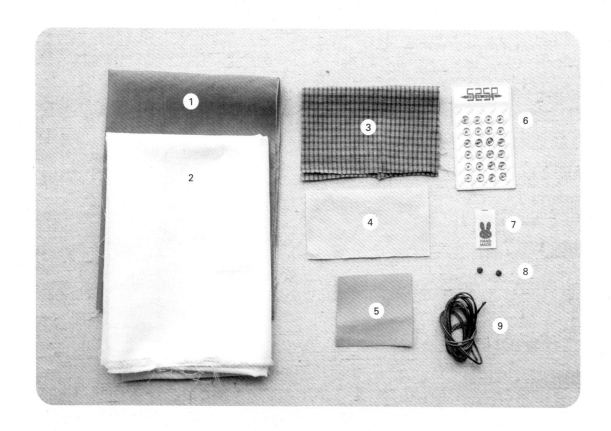

① 牛仔布（克重200g/m）

② 白色斜纹棉布40支精梳（克重200g/m），OB11
娃衣建议选择更薄的60支棉布

③ 纯棉先染格子布（克重200g/m）

④ 纯棉针织布（厚度不限）

⑤ 黄色纱卡布料（厚度不限）

⑥ 按扣（直径6mm）

⑦ 卡通织唛（1.5cm×3cm）

⑧ 红色塑料圆扣（直径4mm）

⑨ 蜡线（直径1mm），可替换为皮绳或棉绳等

缝制步骤

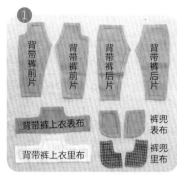

根据纸样裁剪出对应数量的裁片，裁剪时预留至少0.5cm的缝份，并在布片边缘涂一圈锁边液。

将裤子前片与裤兜里布正面相对，对齐口袋边缘，沿完成线缝合口袋上边缘。

在缝份凹进去的位置打剪口，注意不能剪到缝合线。

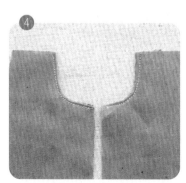

将口袋里布往裤子反面翻，熨烫平整，并在口袋边缘向内0.2cm处压一条明线。

将裤兜表布与裤兜里布正面相对，对齐弧线边缘并缝合。注意只缝合两个口袋，不能缝到裤子。

口袋缝好后将裤子翻到正面。

将两个裤子前片正面相对，缝合前裆。

缝好后将前裆的缝份往两边展开烫平。

将裤子翻到正面，在裤缝左右两侧0.2cm处各压一条明线。

将裤子前后片正面相对重叠对齐，缝合两条侧边。

缝好后将裤子翻到反面，将缝份向两边展开烫平。

将裤子翻到正面，在侧缝左右两边0.2cm处各压一条明线。

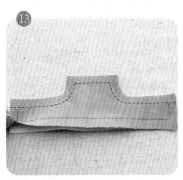

将上衣表布和里布正面相对，沿完成线缝合上面的部分。

缝好后将缝份剪至0.3cm左右。

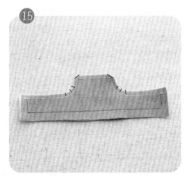

在缝份凹进去的位置打剪口，并剪去上面的两个尖角，注意不能剪到缝合线。

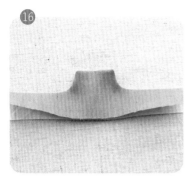

将上衣翻到正面。

将上衣表布直线边和裤子裤腰对齐，沿完成线缝合。

缝好后的正面效果如上图所示。

将上衣里布直线边沿完成线往反面翻折，然后将上衣表布和里布的两侧对齐并缝合。注意不要缝到裤腰的缝份。

缝好后翻到反面。

将后裆缝份中间位置剪开。将上衣翻起来，翻面后裤子后裆上半部分的缝份也会随之一起内折，将内折的缝份整理整齐。

翻回正面。在后裆上半部分和上衣边缘向内约0.2cm的位置压明线。在腰部接缝处向上约0.2cm的位置压明线，这条明线同时也压在上衣里布的直线边上。

将裤脚口向裤子正面翻折两次，折边宽度约1cm，并熨烫定型。

将裤子正面相对，缝合后裆。

25 将裤子前后片正面相对，对齐裤裆以及裤脚口，缝合下裆。

26 缝好后在裤裆中间打几个剪口，注意不能剪到缝合线。

27 将裤子翻到正面。

28 参照纸样在纱卡布料上剪下1块布片。用布料胶把织唛粘贴在布片上，织唛多余的部分可以折到布片背面。

29 将布片底布做抽丝处理，做出流苏。剩余的边缘涂上锁边液。

30 用布料胶将装饰粘贴在胸口的位置上。用针织布按照纸样裁剪2个膝盖补丁，并粘贴在膝盖上。

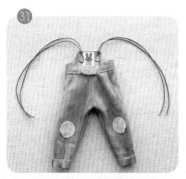

31 准备两段40cm长的蜡线并对折，将对折端如上图固定在裤子上，固定处缝制上塑料圆扣。

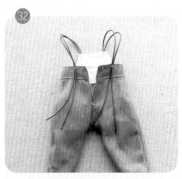

32 将裤子穿在娃娃身上，量取合适的蜡线长度并做好标记，然后将蜡线缝合固定在裤子后端。

33 在裤子后门襟固定按扣，背带裤制作完成。

第四章

连衣裙

格子连衣裙

制作难度 | ★★☆☆☆

纸样尺寸 | OB24、BJD6分、大鱼体（BJD6分和大鱼体纸样通用）

图文教程演示尺寸 | BJD6分

视频教程演示尺寸 | OB24

实物1：1纸样 | 162页和163页

视频教程

材料清单

① 纯棉先染格子布（克重160g/m）

② 白色斜纹棉布40支精梳（克重200g/m）

③ 松紧带（宽约3mm）

④ 按扣（直径6mm）

⑤ 塑料圆扣（直径4mm）

小贴士

· OB24和BJD6分娃衣的上衣部分制作方法略有不同。OB24娃衣的上衣前后片是一体的，省去了缝合肩部的步骤，而BJD6分娃衣的上衣前后片是分开的，需要进行缝合。

· 这款连衣裙属于基础款式，制作比较简单，没有复杂的工艺，可以在这款的基础上增加装饰来丰富变化，如加入花边装饰或加入打褶工艺等。

缝制步骤

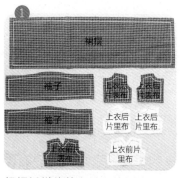

根据纸样裁剪出对应数量的裁片，裁剪时预留至少0.5cm的缝份，并在布片边缘涂一圈锁边液。

将上衣里布前后片正面相对，对齐肩部并缝合。

缝好后将肩部缝份往两边展开并熨烫平整。

用同样的方法缝合上衣表布的前后片，并熨烫缝份。

将白色棉布正面相对对折，在布料背面画出2片衣领，缝合除领口外的其余部分。

缝好后将衣领裁剪下来，缝合边预留约0.3cm的缝份，并打剪口。领口位置正常预留缝份裁剪。

⑦ 将衣领翻至正面，熨烫平整。

⑧ 将衣领放在上衣表布正面，对齐领口，用疏缝的方式临时固定，注意两片衣领要对齐领口中心点。

⑨ 将上衣表布和里布正面相对重叠对齐，沿完成线缝合领口和后门襟上半部分。缝好后将疏缝线拆除。

⑩ 将领口一圈的缝份修剪至0.3cm左右，并打剪口。然后剪去转角处的两个尖角，注意不要剪到缝合线。

⑪ 将领口的里布往裙子反面翻折。将上衣翻至正面整理整齐，领口位置熨烫定型。

0.4cm

⑫ 将袖子的袖口边缘沿完成线向反面翻折，并缝合固定，注意要留出约0.4cm的宽度用于穿松紧带。

⑬ 在袖山缝份上用平针法缝一条抽褶线，或者用缝纫机车2条平行线，两端不打结。

⑭ 拉紧缝线，将袖山做出抽褶，抽褶后的长度要与衣服袖窿线长度相等。

⑮ 将袖子的袖山与衣服的袖窿对齐并缝合，建议先用疏缝临时固定，再进行正式的缝合。

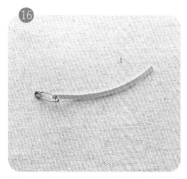

剪下7cm长的松紧带（OB24娃衣为5.5cm），在一端固定一枚小别针。

用别针将松紧带穿进袖口预留的空隙中，将松紧带两端固定在袖口两端。

穿好松紧带的袖口效果如上图所示。

将里布向上翻，将表布以肩线为对折线正面相对对折，对齐袖子底边和侧边，然后进行缝合。

在里布袖窿处的缝份上打剪口。

将缝份往反面翻折，用布料胶粘贴固定缝份。

将里布以肩线为对折线正面相对对折，对齐两条侧边，并进行缝合。

将表布和里布的缝份往两边展开熨平。

将上衣翻至正面，整理整齐。

将裙摆底边沿完成线向反面翻折并缝合。

在腰部直线边上用平针法缝一条抽褶线。

拉紧缝线，将腰部做出抽褶。抽褶后的长度要与上衣腰部长度相等。

将上衣表布的腰部与裙摆的腰部正面相对对齐，用珠针固定，并进行缝合。

缝好后将腰部缝份往上衣方向翻折。然后在裙子正面腰部接缝处向上约0.2cm的位置压一条明线。

将上衣里布腰部的缝份沿完成线往反面折叠，用折叠边盖住腰部缝份，用藏针法缝合里布。

将裙摆和上衣两侧沿完成线往反面翻折，沿边缘向内约0.3cm的位置压一条明线。

在胸前缝合两颗小圆扣作为装饰。

在上衣后门襟的位置固定两对按扣，格子连衣裙制作完成。

刺绣背心裙

制作难度 ｜ ★★★☆☆

纸样尺寸 ｜ OB24、BJD6分、大鱼体（BJD6分和大鱼体纸样通用）

图文教程演示尺寸 ｜ BJD6分/大鱼体

视频教程演示尺寸 ｜ OB24

实物1：1纸样 ｜ 164页和165页

视频教程

材料清单

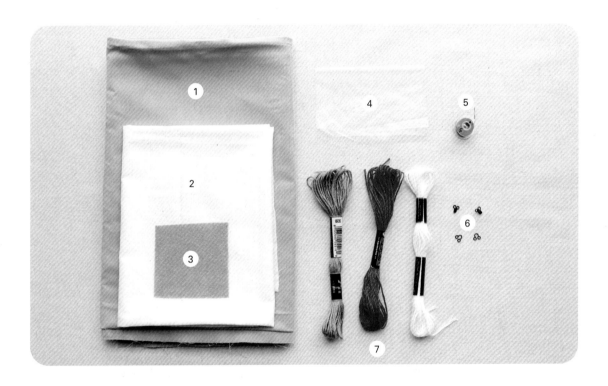

① 蓝色全棉细条纹灯芯绒（克重220g/m）

② 白色斜纹棉布40支精梳（克重200g/m）

③ 卡其色不织布（厚度1mm）

④ 刺绣水溶纸

⑤ 深色手缝线

⑥ 风纪扣（长约8mm）

⑦ 绣线（绿色522号、红色900号、白色BLANC号）

小贴士

· 绣线和不织布都不可以高温熨烫，所以拓印图案时建议使用水消笔，刺绣完成后用清水去除线迹。

· 这条裙子需要搭配内搭穿着，单穿会比较宽松，但是OB24尺寸可以给BJD6分和大鱼体娃娃作为单裙穿着。

缝制步骤

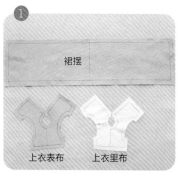

根据纸样裁剪出对应数量的裁片，预留至少0.5cm的缝份进行裁剪，并在布料边缘涂一圈锁边液。

裙摆
上衣表布　上衣里布

将上衣表布和里布正面相对重叠对齐，沿完成线缝合袖窿、领口和后门襟上半部分。

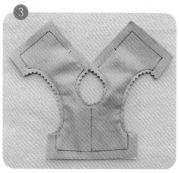

在领口和袖窿缝份处打剪口，注意不能剪到缝合线。

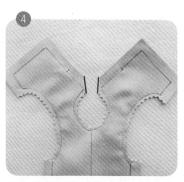

剪去转角处的两个尖角，注意不能剪到缝合线。

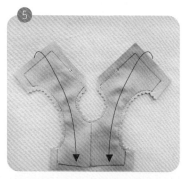

借助镊子将左右两边后门襟的布料全部塞进肩部，顺着箭头方向拉出来，把整个上衣部分翻至正面。

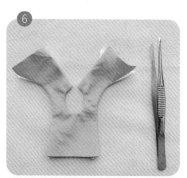

将上衣整理整齐。

以肩线为对折线，将上衣正面相对对折，对齐底部直线边。

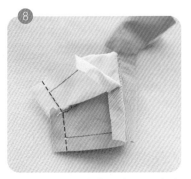

将两层白色里布往上翻，里布和里布侧边对齐，表布和表布侧边对齐，沿完成线缝合侧边。

用同样的方法缝合另一侧。

两侧缝好后展开如上图所示，将缝份往两边展开，熨烫平整。

上衣主体部分制作完成，正面展开效果如上图。

上衣反面展开效果如上图。

将裙摆底边沿完成线向反面翻折并缝合。

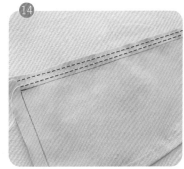

在裙摆腰部缝份上车两条平行的抽褶线，注意两端不打结，或者用平针法手缝一条抽褶线。

拉紧缝线，做出抽褶。抽褶时从两端往中间抽。

16

裙摆腰部抽褶后长度要与上衣腰部长度相同。

17

将上衣腰部与裙摆抽褶边正面相对重叠对齐，用疏缝的方式临时固定。

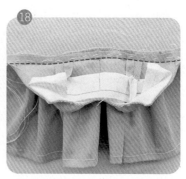

18

沿完成线将上衣和裙摆缝合在一起，缝好后将疏缝线拆除。

19

将腰部的缝份往上衣方向翻。把白色里布往上翻起来，为下一步缝合做准备。

20

在腰部接缝处向上0.2cm的位置压一条明线，注意不要缝到里布。

21

将裙摆两条侧边沿完成线往反面翻折，同时将里布底边沿完成线往反面翻折。

22

将上衣里布底边沿完成线向反面翻折，注意要把腰部缝份完全遮挡住，这样做出来的娃衣更精致。

23

用藏针法将里布与裙摆缝合在一起。

24

在裙子边缘向内约0.3cm的位置压一圈明线。

25 在上衣后门襟内侧缝两对风纪扣，裙子主体部分制作完成。

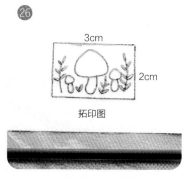

3cm

2cm

拓印图

26 下面来给裙子增加刺绣装饰。用水消笔将刺绣图案拓印到水溶纸上。

27 将印好图案的水溶纸放在不织布上，用疏缝固定。

蘑菇刺绣图解

红色绣线 2 股，缎面绣

白色绣线 2 股，结粒绣

白色绣线 2 股，缎面绣

绿色绣线 2 股，雏菊绣

绿色绣线 2 股，轮廓绣

棕色缝线 2 股，直线绣

28 参照刺绣图解进行刺绣。

29 用牙形剪刀将绣片裁剪下来。

30 将绣片放入清水中浸泡，直至水溶纸和墨水完全溶解。冲洗干净，放到阴凉通风处晾干。

31 用酒精胶将刺绣贴粘贴在衣服上，并用白色绣线在边缘固定一圈进行装饰。背心裙制作完成。

系带背心裙

制作难度 | ★★★★☆

纸样尺寸 | OB24、BJD6分、大鱼体

图文教程演示尺寸 | BJD6分

视频教程演示尺寸 | OB24

实物 1 : 1 纸样 | 166 页

视频教程

材料清单

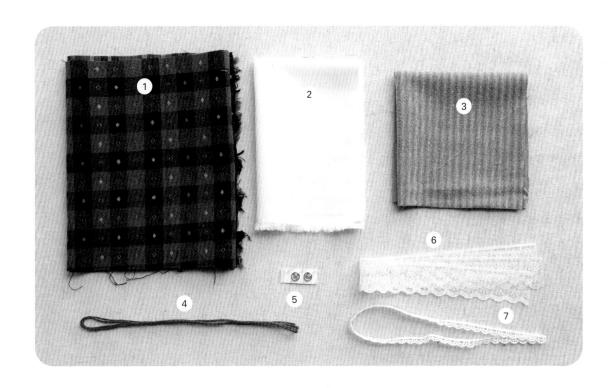

① 纯棉先染格子布（克重280g/m）

② 白色斜纹棉布40支精梳（克重200g/m）

③ 纯棉先染条纹布（克重280g/m）

④ 红色绣线900号（视频教程中使用的是宽度
3mm的丝带）

⑤ 按扣（直径6mm）

⑥ 蕾丝花边（宽约2.2cm）

⑦ 水溶花边（宽约5mm）

小贴士

· 这款系带连衣裙的上衣纸样OB24、BJD6分、大鱼体娃娃通用。

· OB24娃衣上身效果比较宽松，可以增加内搭一起穿着，BJD6分和大鱼体娃衣建议单穿。

缝制步骤

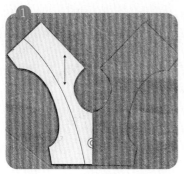

在蓝色条纹布料正面描画上衣纸样。

参照花边纸样画出水溶花边缝合位置的参考线。

将水溶花边左右对称地缝合在参考线上。

花边固定好后，预留至少0.5cm的缝份将上衣表布裁剪下来，并在裁片边缘涂一圈锁边液。

在白色棉布上裁剪1片上衣里布，裁剪时预留至少0.5cm的缝份，并在裁片边缘涂一圈锁边液。

剪下一条长约36cm的蕾丝花边，用平针法沿花边边缘缝一条抽褶线，拉紧缝线做出抽褶，完成抽褶后的蕾丝花边长度要与衣服袖窿长度相等。

将蕾丝花边放在袖窿处，用疏缝的方式临时固定。

将上衣表布和里布正面相对重叠对齐，沿完成线缝合袖窿、领口和后门襟上半部分。

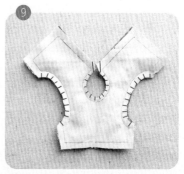

缝好后将疏缝线拆除，在领口和袖窿的缝份上打剪口，并剪去转角处的两个尖角，注意不要剪到缝合线。

借助镊子将左右两边的后门襟全部塞进肩部，顺着箭头所示方向拉出来，把整个上衣部分翻至正面。

翻到正面后的效果如上图所示。

将表布前后片正面相对，里布前后片正面相对，对齐侧边，沿完成线缝合侧边。

用同样的方法缝合另一侧。

将两侧缝份往两边展开烫平。

将上衣整理整齐。

按照纸样剪下1片裙摆，裁剪时预留至少0.5cm的缝份，并在裁片边缘涂一圈锁边液。

将裙摆底边沿完成线往反面翻折并缝合。

用平针法在裙摆腰部缝份上缝一条抽褶线。

19 拉紧缝线对腰部进行抽褶，抽褶
后长度要与上衣腰部长度相等。

20 将上衣里布翻起来，将上衣表布
腰部与裙摆腰部正面相对重叠对
齐，用珠针固定，然后沿完成线
将上衣和裙摆缝合在一起。

21 把腰部缝份往上衣方向翻，在腰
部接缝处往上0.2cm的位置压一条
明线，注意不要缝到袖口花边和
上衣里布。

22 将裙摆两条侧边以及上衣里布底
边沿完成线往反面翻折，用珠针
固定，里布底边折进去后可以把
腰部缝份完全遮挡住。

23 整理完毕后翻到正面，在裙子两侧
和领口边缘向内0.4cm左右的位置
压明线。

24 用藏针法将里布的底边和裙摆缝
合固定。

25 在后门襟的位置固定2对按扣。

26 在胸前的花边上穿入红色绣线或
丝带，然后系一个蝴蝶结，系带
连衣裙制作完成。

厨师裙

制作难度 | ★★★★☆

纸样尺寸 | OB11、BJD6分、OB24、大鱼体（OB24和大鱼体纸样通用）

图文教程演示尺寸 | OB24/大鱼体

视频教程演示尺寸 | BJD6分

实物1：1纸样 | 167~169页

视频教程

材料清单

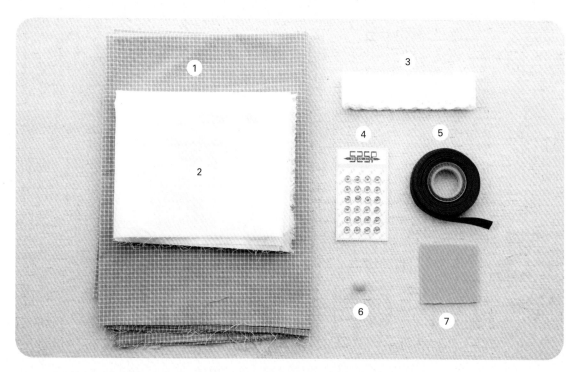

① 纯棉先染格子布（克重280g/m）

② 白色全棉巴厘纱60支精梳（克重100g/m）

③ 棉布花边（宽度2.5cm）

④ 按扣（直径6mm）

⑤ 红色涤棉丝带（宽度5mm）

⑥ 黄色毛球（直径1cm）

⑦ 黄色不织布（厚度1mm）

小贴士

· 由于OB11娃衣比较小，所以袖子没有做上下袖的分割，直接将袖子与袖窿缝合即可。

· OB11娃衣建议选择更加轻薄的布料和花边。

袖口抽褶尺寸参照表

素体	OB24	OB11	BJD6分	大鱼体
袖口抽褶尺寸	4~5cm	3~4cm	7cm	5cm

缝制步骤

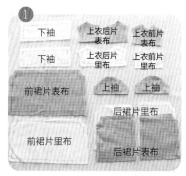

根据纸样裁剪出对应数量的裁片，裁剪时预留至少0.5cm的缝份，并在布片边缘涂一圈锁边液。

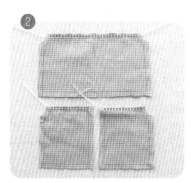

取3片裙片表布，在腰部缝份上分别用平针法缝出抽褶线。

拉紧抽褶线，将裙片腰部做出抽褶，抽褶长度要与对应的上衣腰部长度相同。

将对应的上衣与裙摆正面相对，对齐腰部，沿完成线缝合固定。

将腰部缝份往上衣方向翻。在裙子正面腰部接缝处往上约0.2cm的位置压一条明线。

将前后片正面相对，对齐肩线，沿完成线缝合肩部。

⑦

肩部缝好后展开正面如图所示，将肩部缝份往两边展开熨平。

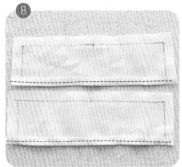

⑧

将下袖下边缘沿完成线向反面翻折并缝合。

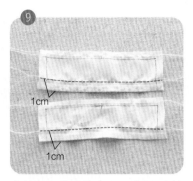

⑨

1cm

1cm

在袖口下边缘往上1cm（OB11娃衣往上0.5cm）的位置用平针法缝一条抽褶线。

⑩

再在上边缘的缝份上用平针法缝一条抽褶线。

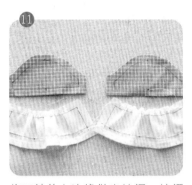

⑪

将下袖的上边缘做出抽褶，抽褶长度要与上袖直线边长度相同。

⑫

将上袖直线边与下袖抽褶边正面相对并缝合。

⑬

将缝份往上袖方向翻，在袖子正面接缝处往上约0.2cm的位置压一条明线。

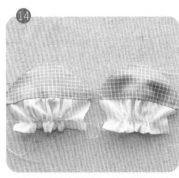

⑭

拉紧袖口的抽褶线，做出抽褶。

⑮

将袖子的袖山和裙子的袖窿正面相对，用疏缝的方式临时缝合在一起。

沿完成线进行正式缝合，缝好后将
疏缝线拆除。

重复步骤2~7将上衣里布和裙片
里布缝合在一起。

在里布袖窿处的缝份上打剪口。

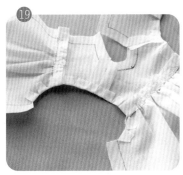

将缝份往反面翻折，用布料胶粘
贴固定缝份。

将里布和表布正面相对重叠对齐，
沿完成线缝合领口以及上衣后门襟。

剪去转角处的两个尖角，并在领
口缝份处打剪口，注意不能剪到
缝合线。

将裙子翻至正面，领口的位置整
理平整。

将里布翻起来，将表布以肩线为对
折线正面相对对折，对齐袖子底边
和裙摆侧边，沿完成线进行缝合。

将缝份向两侧展开烫平。

反面相对

将裙子底边沿完成线向反面翻折并缝合。

将里布以肩线为对折线反面相对对折，注意是反面相对！对齐两条侧边，沿完成线进行缝合。

将棉布花边的毛边和裙摆里布底边对齐，沿完成线缝合。

缝份向左　　缝份向右

缝合花边时，注意里布两侧的缝份分别往左右两边翻（左侧缝份往左翻，右侧缝份往右翻）。缝好后将花边往裙子边缘方向翻，缝份往裙子上衣方向翻，并在左右两侧的缝份上压线。

在花边接缝处往上约0.2cm的位置压一条明线。

将裙子表布和里布正面相对，对齐两侧，沿完成线缝合两侧。

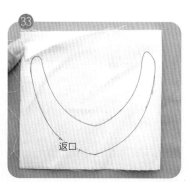

返口

将裙子翻到正面，整理整齐，在边缘向内约0.2cm的位置压明线。

在裙子后门襟的位置缝合2对按扣，裙子部分制作完成。

接下来制作领子部分。将白色棉布对折，在棉布上画出领子轮廓。沿画好的线迹缝合一圈，注意返口不缝合。

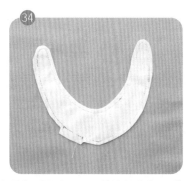

缝好后预留0.5cm的缝份将领子裁剪下来，返口处的缝份保留0.8cm。

在缝份上打剪口，注意不能剪到缝合线。

将领子从返口翻到正面，将返口边缘塞进两层布料中间，熨烫平整，并沿边缘向内约0.2cm的位置压一圈明线。

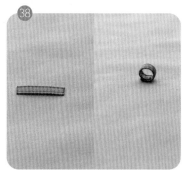

在不织布上画出2片鸭掌，不需要留缝份，直接沿线迹裁剪下来。用布料胶将鸭掌和黄色毛球粘在上图对应的位置上。

剪下2.5cm长的一段丝带，两端重叠约0.5cm，用布料胶固定。

将丝带环套在领子上，领子制作完成。

钉珠连衣裙

制作难度 | ★★★★★

纸样尺寸 | OB24、BJD6分、大鱼体（BJD6分和大鱼体纸样通用）

图文教程演示尺寸 | BJD6分/大鱼体

视频教程演示尺寸 | OB24

实物1：1纸样 | 170页和171页

视频教程

材料清单

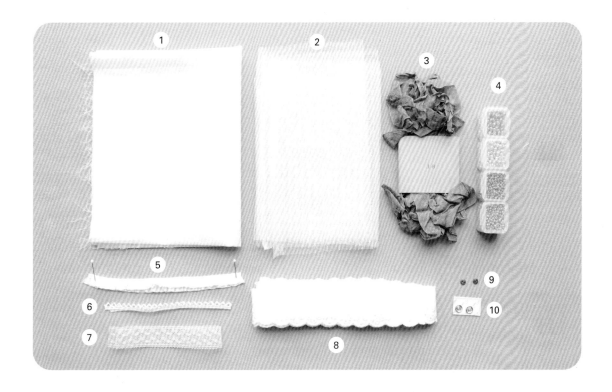

① 白色全棉巴厘纱60支精梳（克重100g/m）

② 点点网纱（克重35g/m）

③ 褶皱丝带（宽度1.4cm）

④ 米珠（直径2mm或3mm）

⑤ 弹力花边（宽约8mm）

⑥ 牙形花边（宽约7mm）

⑦ 蕾丝花边（宽约1.4cm）

⑧ 棉布花边（宽约2.5cm）

⑨ 圆扣（直径4mm）

⑩ 按扣（直径6mm）

小贴士

书中上衣前片打褶压花边的方法与视频教程中略有不同，书中的方法操作起来会更简单一些。

缝制步骤

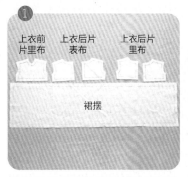

根据纸样在白色棉布上裁剪出除上衣前片表布外的其他裁片，裁剪时预留至少0.5cm的缝份，并在布片边缘涂一圈锁边液。

准备一张长约18cm，宽约13cm的白色棉布。将棉布沿长边对折，对折线作为0号线，展开布料，在布料正面0号线左右两侧分别画2条直线，每条线间距为0.4cm（褶子需要熨烫，建议使用水消笔画线）。

将右侧1号线往外折，2号线往里折，并熨烫定型。

将牙形花边压在1号线下方，边缘与2号线对齐。

在1号线边缘向内0.1~0.2cm的位置压一条明线。（如果手缝用回针法，尽量把针脚缝得细密均匀。）

另一侧重复同样的操作。

将上衣前片的纸样放在打好褶的布料正面，对齐中心线，沿纸样边缘画出1片上衣前片。

预留至少0.5cm的缝份进行裁剪，并在边缘涂一圈锁边液。

将蕾丝花边放在衣服两侧空白的位置上，在花边的两条长边和中间压明线。

将上衣表布前后片正面相对，对齐肩线并缝合。

缝好后展开正面如图所示，缝份往后片方向翻。

用同样的方法缝合里布前后片，缝份往前片方向翻。

将表布和里布正面相对重叠对齐，沿完成线缝合领口以及后门襟上半部分。

缝好后将领口缝份修剪至0.3cm并打剪口，剪去转角处的两个尖角，注意不要剪到缝合线。

对齐表布和里布的袖窿并沿完成线缝合，缝好后将缝份修剪至0.3cm并打剪口，注意不要剪到缝合线。

借助镊子将左右两边后门襟的布料全部塞进肩部，从箭头方向拉出来，把整个上衣翻至正面。

翻到正面后的效果如上图所示。

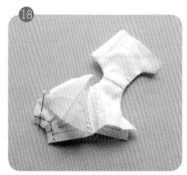

将表布前后片正面相对，里布前后片正面相对，对齐侧边，沿完成线缝合侧边。

用同样的方法缝合另一侧。

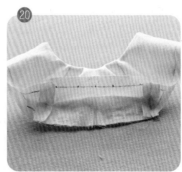

将缝份往两侧展开烫平。

将上衣整理整齐。

将棉布花边边缘与裙摆底边对齐，沿完成线缝合固定。

抽褶线
明线

将花边往下翻，缝份往上翻，在接缝线向上约0.2cm的位置压一条明线，在接缝线向上约0.5cm的位置用平针法缝一条抽褶线。

将网纱平铺在裙摆上，在裙摆腰部缝份上用平针法缝一条抽褶线，注意要将网纱和裙摆一起缝合。

沿裙摆边缘剪去多余的网纱，注意裙摆底边的网纱可以剪得稍微短一些。图中虚线代表网纱裁剪的位置。

拉紧缝线，对腰部和裙摆底边进行抽褶，并将褶皱整理均匀。

裙摆腰部抽褶后的长度要与上衣腰部长度相等，下摆抽褶长度可自行决定。

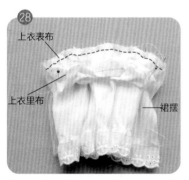

将上衣里布翻起来，将上衣表布腰部与裙摆腰部正面相对重叠对齐，用珠针临时固定，然后沿完成线将上衣和裙摆缝合在一起。

缝好后将腰部的缝份往上衣方向翻，在腰部接缝处往上0.2cm的位置压一条明线，注意不要缝到里布。

将裙摆两条侧边以及上衣里布底边沿完成线往反面翻折，并用珠针固定。

里布底边折进去后可以把腰部缝份完全遮挡住，这样做出来的娃衣更精致。用藏针法将里布底边缝合固定。

在裙子侧边边缘向内约0.4cm的位置压一条明线。

将弹力花边缝合在领口上进行装饰。

在裙摆上装饰米珠。

在胸口固定2颗红色小圆扣,用褶皱丝带系一个蝴蝶结,并缝合固定在腰部中间。

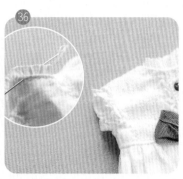

用平针法在袖口缝一圈花边作为装饰。

在上衣后门襟固定2对按扣,连衣裙制作完成。

连衣裙的配搭

公主裙

制作难度 | ★★★★★

纸样尺寸 | OB24、OB11、BJD6分、大鱼体

图文教程演示尺寸 | BJD6分

视频教程演示尺寸 | OB24、OB11

实物 1：1 纸样 | 172~175 页

视频教程（OB24）　视频教程（OB11）

材料清单

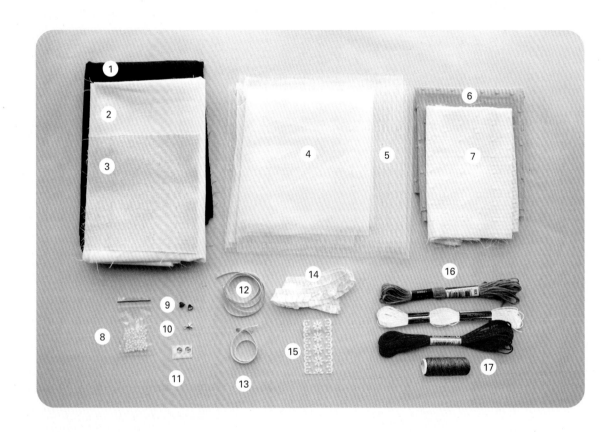

① 深蓝色斜纹棉布（克重200g/m）

② 白色斜纹棉布40支精梳（克重200g/m）

③ 本色棉麻（克重260g/m）

④ 特密网纱（克重40g/m）

⑤ 条纹网纱（克重35g/m）

⑥ 黄色提花布料（克重100g/m）

⑦ 白色提花布料（克重100g/m）

⑧ 白色米珠（直径3mm）

⑨ 爱心爪扣（规格6mm）

⑩ 五角星吊坠（规格8mm）

⑪ 按扣（直径6mm）

⑫ 丝带（宽3mm）

⑬ 松紧带（宽3mm）

⑭ 弹力花边（宽1.5cm）

⑮ 蕾丝花边（宽3cm）

⑯ 绣线（绿色320号、红色900号、白色BLANC 号）

⑰ 深色手缝线

公主裙尺寸表

素体	OB11	OB24	BJD6分	大鱼体
裙撑网纱	无	150cm×15cm	150cm×17cm	150cm×13cm
裙撑腰部松紧带	无	8cm	12cm	12cm
袖口弹力花边	4cm	5cm	6cm	6cm

缝制步骤

① 根据纸样裁剪出对应数量的裁片，裁剪时预留至少0.5cm的缝份，并在布片边缘涂一圈锁边液。

② 将白色斜纹棉布正面相对对折，画出2片衣领，画好后缝合除领口外的其他位置。

③ 缝好后将领子裁剪下来，缝合边预留0.3cm的缝份，领口预留至少0.5cm的缝份。并在缝合边的缝份上打剪口，注意不要剪到缝合线。

将衣领翻至正面,熨烫平整。

将衣领领口和上衣表布正面领口对齐,用疏缝的方式临时固定。

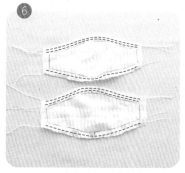

在袖子上边缘(袖山)与下边缘(袖口)的缝份上用平针法缝抽褶线。

将袖子上边缘进行抽褶,抽褶后的长度要与衣服袖窿长度相等。

将袖山与袖窿正面相对对齐,先用疏缝临时固定,然后再进行正式的缝合。缝好后修剪线头,拆除疏缝线。

对袖口进行抽褶,抽褶后长度为6cm(其他尺寸娃娃请参考前面的尺寸表)。

裁剪与袖口长度相等的弹力花边,将花边与袖口正面相对对齐,用珠针临时固定,然后沿完成线缝合。

将上衣表布和里布正面相对重叠对齐,沿完成线缝合领口和后门襟上半部分。缝好后将领口的疏缝线拆除。

将领口缝份裁剪至0.3cm左右,并打剪口,注意不要剪到缝合线。

将里布往反面翻，领口整理平整。

将上衣表布以肩线为对折线正面相对对折，对齐袖子底边和上衣侧边，并沿完成线缝合。

缝好后在腋窝处打剪口，注意不能剪到缝合线。

将袖子翻至正面，看一下腋窝是否平整。如果不平整，可以在腋窝周围再多剪几个剪口。

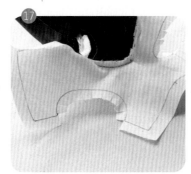

在里布袖窿的缝份上打剪口。

将缝份往反面翻折，用布料胶粘贴固定。

将里布以肩线为对折线正面相对对折，对齐两条侧边，并沿完成线缝合。

将表布和里布侧缝的缝份展开烫平。

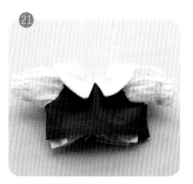

将上衣整理整齐。

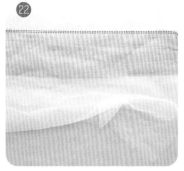

特密网纱放在裙摆的正面，用平针法在裙摆腰部的缝份上缝出抽褶线。

将网纱翻起来，裙摆底边边缘沿完成线向反面翻折，并进行缝合。

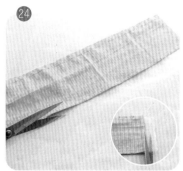

将网纱翻回来，沿裙摆边缘剪去多余的网纱，注意不能剪到腰部的抽褶线。

拉紧腰部的缝线，将裙摆做出抽褶，抽褶后的长度要与上衣腰部长度相等。

将上衣里布翻起来，将裙摆腰部与上衣表布腰部重叠对齐，先用疏缝临时固定，再沿完成线进行正式的缝合。

缝好后拆除疏缝线，修剪腰部缝份，留下约0.3cm的宽度即可。

将腰部缝份往上衣方向翻，在裙子正面腰部接缝线往上0.2cm的位置压一条明线。

侧面折叠展示

将里布底边和裙摆两侧沿完成线向反面翻折，用珠针暂时固定。然后用藏针法缝合里布和腰部接缝处。

在裙子两侧边缘向内0.2cm的位置压明线，裙子主体部分制作完成。

深棕色缝线2股，直线绣
绿色绣线2股，雏菊绣
红色绣线2股，劈针缝
白色绣线2股，直线绣
深棕色缝线2股，直线绣

接下来制作衣服的装饰。用水消笔在棉麻布料上拓印出苹果刺绣图案。

参照图解进行刺绣。

绣好后沿外框裁剪绣片，并在边缘做抽丝处理，做出流苏。

裁剪与上衣前胸高度相同的蕾丝花边，用布料胶将绣片粘贴在蕾丝花边上。

将绣片用布料胶粘贴在衣服上。

在腰围处装饰米珠。将针线从侧腰接缝处穿出，并穿上米珠，米珠串长度为上衣前片腰部的长度。

穿好米珠后将另一端固定好，并每隔一段距离对米珠串进行固定。

取2段丝带，长度随意，打上蝴蝶结后用针线固定在米珠串两侧。

在衣领上固定2个爱心爪扣，在米珠串正中间的位置固定一个星星吊坠。

40

在衣服后门襟的位置固定按扣，裙子装饰部分制作完成。

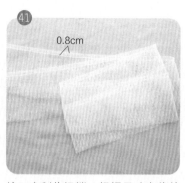

41

0.8cm

接下来制作裙撑。根据尺寸表裁剪对应长度的网纱，对折后在对折边向内约0.8cm的位置缝一条明线。

42

根据尺寸表裁剪对应长度的松紧带，用别针将松紧带穿进网纱空隙，松紧带尾部与网纱一端对齐并缝合固定。

43

将别针从另一端穿出，将松紧带另一端也缝合固定，拆除别针。

44

将裙撑两侧重叠对齐并缝合，裙撑制作完成。

Part 5

第五章

头饰

厨师帽

制作难度 | ★☆☆☆☆

纸样尺寸 | Blythe小布、OB11、BJD6分（OB11和BJD6分纸样通用）

图文教程演示尺寸 | Blythe小布

实物1：1纸样 | 176页

材料清单

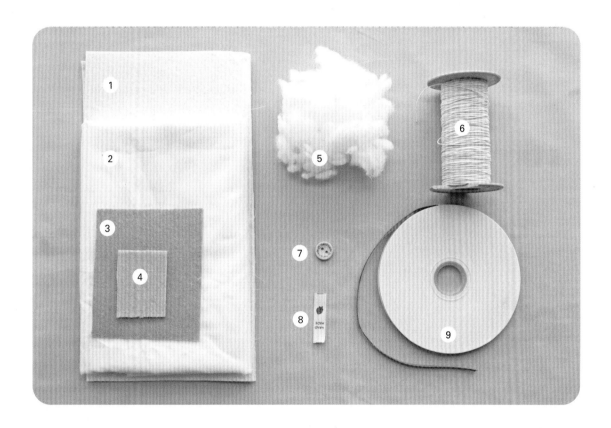

① 白色不织布（厚度1mm）

② 白色全棉巴厘纱60支精梳（克重100g/m）

③ 卡其色不织布（厚度1mm）

④ 黄色不织布（厚度1mm）

⑤ PP棉

⑥ 弹力线（规格1mm）

⑦ 木扣子（直径1cm）

⑧ 织唛（规格不限）

⑨ 红色丝带（宽5mm）

缝制步骤

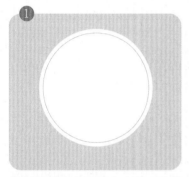

根据纸样在白色棉布上剪下1片帽顶，裁剪时预留至少0.5cm的缝份，并在布片边缘涂一圈锁边液。

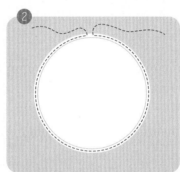

用平针法在缝份上缝一圈抽褶线，注意两端都不打结。

拉紧缝线进行收口，并塞入适量棉花。

塞好PP棉后，将口完全收紧并缝合固定。

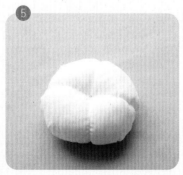

用针线穿过帽顶中心，稍微拉紧缝线，将帽顶分成4块区域，制作出如图所示的效果。

在白色棉布上裁剪1片帽底，裁剪时需预留缝份。在白色不织布上裁剪1片帽底，裁剪时不需要留缝份。

将不织布放在棉布中间，将棉布4条边内折，并用布料胶粘贴固定，将不织布包在棉布里。

在帽底边缘向内约0.3cm的位置压一圈明线。

将帽底反面朝里，正面朝外，两端对齐，用藏针法缝合固定。

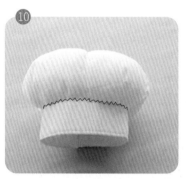

用藏针法将帽底和帽顶缝合固定在一起。

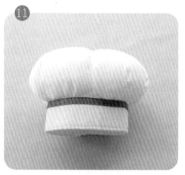

用布料胶将丝带粘贴在帽底上边缘一整圈。

取适量长度的弹力线，对折打结，将打结的一端固定在帽子内侧。

在帽底外侧固定一颗扣子，用于挂扣弹力线。

分别裁剪卡其色、白色、黄色不织布作为阴影、蛋白、蛋黄，按照如上图顺序叠放并用胶水粘贴。在蛋黄上绣出2只眼睛，涂一些腮红增加萌感。

用布料胶将荷包蛋和织唛粘贴在帽子上，厨师帽制作完成。

小鹿发带

制作难度 | ★★☆☆☆

纸样尺寸 | Blythe小布、BJD6分

图文教程演示尺寸 | BJD6分

实物1：1纸样 | 177页

材料清单

① 卡其色全棉细条纹灯芯绒（克重220g/m）

② 竹节干丝棉（克重160g/m）

③ 深棕色针织布（克重450g/m）

④ PP棉

⑤ 丝带（宽约3mm）

⑥ 弹力花边（宽约1.4cm）

⑦ 仿真树叶（款式不限）

⑧ 仿真果实（直径8mm）

⑨ 仿真花（直径约2cm）

小贴士

用布料胶粘贴各个部件时需要用手按压，直到胶水干透以后再放开，以确保粘贴牢固。

缝制步骤

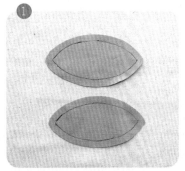

根据纸样在卡其色灯芯绒布料上画出2片发带，预留至少0.5cm的缝份进行裁剪，并在边缘涂一圈锁边液。

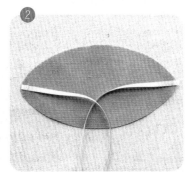

取1片发带正面朝上摆放，剪下2段丝带（长度根据娃娃尺寸自定），分别缝合固定在发带两端。

叠加上另一片发带，两者正面相对并对齐，把丝带从返口拉出来，然后沿完成线缝合一圈，注意不要缝到丝带，返口不缝合。

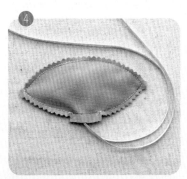

缝好后将缝份修剪至0.3cm左右，并剪牙口，注意不要剪到缝合线。

从返口将发带翻至正面，整理平整。

将弹力花边压在发带边缘下方（转角的位置可以将花边下方剪开一半后再转弯），在发带边缘向内约0.2cm的位置压一圈明线。

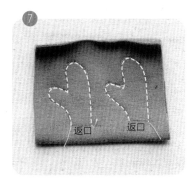
⑦ 将棕色针织布正面相对对折，在布料的反面画出2片鹿角，画好后沿完成线缝合，注意返口不缝合。

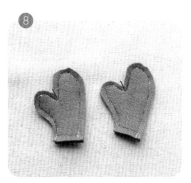
⑧ 缝好后预留0.3cm的缝份裁剪下来，并在转角处打剪口，注意不要剪到缝合线。

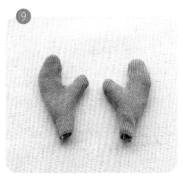
⑨ 从返口将鹿角翻至正面。

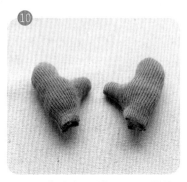
⑩ 从返口往鹿角里填入适量棉花。针织类布料填充棉花后会变形，所以不宜填充太多。

⑪ 将返口边缘向内折进0.5cm，用藏针法缝合返口，鹿角制作完成。

⑫ 将红色花棉布和棕色针织布正面相对重叠对齐，在布料反面画出2片耳朵。画好后沿完成线缝合，注意返口不缝合。

⑬ 裁剪耳朵，缝合边预留0.3cm的缝份，返口处预留0.5cm的缝份。

⑭ 从返口将耳朵翻至正面。

⑮ 将返口边缘向内折进0.5cm，用藏针法缝合返口。

将耳朵对折，对齐两条直线边并用藏针法缝合。

在耳朵底部涂上布料胶，将耳朵粘贴在发带两端。

在鹿角底部涂上布料胶，将鹿角粘贴在耳朵内侧。

将仿真果实的金属柄缠绕在树叶和左边的鹿角上使三者固定在一起。

用布料胶将仿真花粘贴在树叶上，小鹿发带制作完成。

八角帽

制作难度 | ★★☆☆☆

纸样尺寸 | Blythe小布、BJD6分、OB11

图文教程演示尺寸 | Blythe小布

实物1 : 1纸样 | 178页

材料清单

① 咖啡色全棉细条纹灯芯绒（克重220g/m）

② 纯棉先染格子布（克重160g/m）

③ 毛球（直径约3cm）

小贴士

灯芯绒表面有一层细细的绒毛，在排版纸样时需要区分好顺逆毛，不同的绒毛方向在光线下会呈现出不同的颜色和光泽。

缝制步骤

① 根据纸样裁剪出对应数量的裁片，预留至少 0.5cm 的缝份进行裁剪，并在布料边缘涂一圈锁边液。

帽子表布　帽檐　帽子里布　帽口边条

② 取 2 片帽子表布，正面相对重叠对齐，沿完成线缝合其中一侧。

③ 取第 3 片帽子表布，与步骤 2 中任意一片正面相对重叠对齐，沿完成线缝合一侧。

④ 重复以上操作，直至 8 片帽子表布全部缝合在一起。

⑤ 将第 1 片和最后一片正面相对重叠对齐，沿完成线缝合在一起，帽子外层制作完成。

⑥ 用同样的方法缝合帽子里布，注意需要留出一个约 2.5cm 的返口不缝合。

⑦

将2片帽檐正面相对重叠对齐，沿完成线缝合外弧边缘。

⑧

缝好后将缝合边的缝份修剪至0.3cm，并打剪口，注意不要剪到缝合线。

⑨

将帽檐翻至正面，在外弧边缘向内约0.2cm的位置压一条明线。

⑩

取1条帽口边条，将帽檐和帽口边条正面相对，对齐中心点以及边缘，用疏缝临时固定。

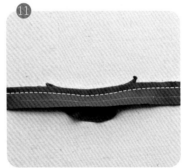

⑪

重叠上另一条帽口边条，2条帽口边条正面相对对齐，帽檐夹在中间，如上图将三者沿完成线缝合在一起。缝好后将疏缝线拆除。

⑫

将步骤11做好的部分展开后正面相对叠合，将两端边缘对齐并缝合。

⑬

缝好后翻至正面，熨烫定型。

⑭

将步骤13做好的部分套在帽子外层上，对齐两个部分的帽口边缘，用疏缝临时固定。注意两个部分是正面相对。

⑮

将帽子外层和内层正面相对套在一起。

16 对齐帽口边缘，对齐每一条缝份，用珠针固定好，沿完成线缝合帽口。

17 从内层上预留的返口将帽子翻至正面。

18 将返口边缘向内折进一个缝份的距离，用藏针法缝合。

19 将内层塞进帽子里，整理整齐，在帽顶上固定一颗毛线球，八角帽制作完成。

狗狗帽子

制作难度 | ★★★☆☆

纸样尺寸 | Blythe小布、OB11、BJD6分

图文教程演示尺寸 | Blythe小布

视频教程演示尺寸 | BJD6分

实物1：1纸样 | 179页和180页

视频教程

材料清单

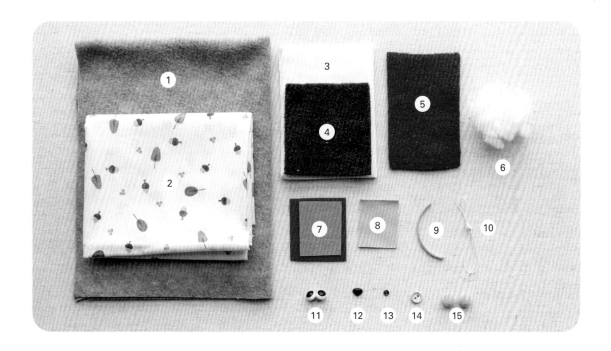

① 灰色摇粒绒（克重330g/m）
② 印花棉布（克重180g/m）
③ 白色针织布（克重420g/m）
④ 深灰色摇粒绒（克重330g/m）
⑤ 毛呢布料（克重约400g/m），
　可用摇粒绒替代

⑥ PP棉
⑦ 不织布（厚度1mm，红色和橄榄绿）
⑧ 粉色针织布（厚度不限）
⑨ 皮绳（宽3mm）
⑩ 弹力线（规格1mm）

⑪ 玻璃眼珠（直径9mm）
⑫ 狗狗黑鼻头（规格7mm×9mm）
⑬ 金属圆扣（直径5mm）
⑭ 木扣子（直径1cm）
⑮ 粉色毛球（直径1cm）

小贴士

Blythe小布娃娃的帽子纸样与OB11以及BJD6分娃娃的帽子纸样不同，因此帽子主体的制作方法也不同，OB11和BJD6分娃娃的帽子的制作请参考视频教程。

缝制步骤

将深灰色摇粒绒正面相对对折，在布料反面画出2只耳朵，并沿完成线缝合，注意返口不缝合。

缝好后预留0.3cm的缝份裁剪，并在缝份上打剪口。

从返口将耳朵翻至正面。

根据纸样裁剪出对应数量的裁片，预留至少0.5cm的缝份进行裁剪，并在里布布料边缘涂一圈锁边液，摇粒绒不会散边，不用涂锁边液。

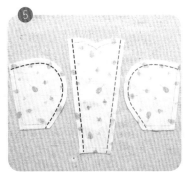

取3片里布正面相对进行缝合。左边两条红色边对齐缝合，右边两条蓝色边对齐缝合，建议先疏缝临时固定，再进行正式的缝合。

里布缝好后的效果如上图所示。

用同样的方法缝合3片表布，同时将两只耳朵夹在帽子两侧接近头顶的位置。

约6cm

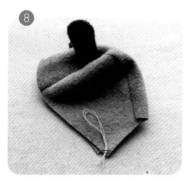

取1段弹力线对折打结（长度可根据绳子的弹性大小决定），将打结的一端固定在帽子底部一侧。

将表布和里布正面相对重叠对齐，沿完成线缝合帽子边缘，注意在帽子后脑勺处留长约3cm的返口不缝合。

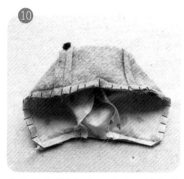

将缝份修剪至0.3cm左右，并打剪口，注意不能剪到缝合线。剪掉转角处的尖角，注意不要剪到弹力线。

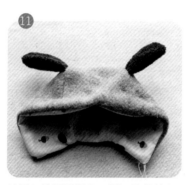

从返口将帽子翻至正面，整理整齐。

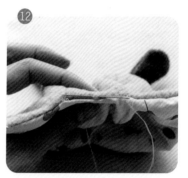

将返口边缘沿完成线向内折，用藏针法缝合返口。

在帽口边缘向内约0.2cm的位置压一圈明线。

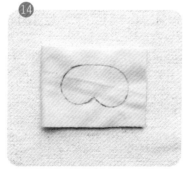

将白色针织布对折，在布面上画出狗狗鼻子，注意布纹方向为横向，弹力方向为纵向，画好后沿完成线缝合完整的一圈。

预留0.3cm的缝份进行裁剪，并在缝份上打剪口，注意凹进去的位置缝份要剪开，但是不能剪到缝合线。

将两层布料拉开，在其中一层布料上剪开一个长约1cm的小口。

从小口处将鼻子翻至正面，并填入适量棉花。

用针线将小口缝合。

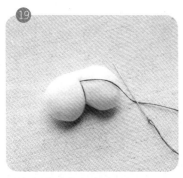

从鼻子正中间入针，从正下方凹进去的位置绕线后再次从中间出针，重复2次，并拉紧针线，让鼻子更加立体。

在鼻子两边缝出几粒点点作为胡子，并用布料胶把黑鼻头粘贴在鼻子上。

在粉色针织布上剪下1片狗狗舌头，用布料胶粘贴在鼻子背面。

在深灰色摇粒绒上剪下1片脸斑，用布料胶粘贴在脸部一侧。

用布料胶将做好的鼻子粘贴在脸部中下方的位置。

确定好眼睛的位置用笔做一个记号，用锥子在标记点上戳洞（如果选择的是平底眼，直接用胶水粘贴即可）。

25 将玻璃眼珠底部的金属圈戳进小洞里，并在帽子里布上用针线缝合固定眼睛。

26 用布料胶将2颗毛球粘贴在眼睛下方，在白鼻子上涂一些腮红进行装饰。

27 接下来制作苹果。将红色毛呢布料正面相对对折，在布料反面画出一个圆形，并沿线缝合一整圈。

28 缝好后预留0.3cm的缝份裁剪，并在缝份上剪牙口，注意不要剪到缝合线。

29 将两层布料拉开，并在其中一层布料上剪开一个长约1cm的小口，从小口把苹果翻至正面。

30 从小口填入适量棉花，用针线将小口缝合。

31 剪下1小段皮绳，用布料胶粘贴在苹果顶端，在橄榄绿不织布上剪下2片叶子，用布料胶粘贴在皮绳两侧。

32 用藏针法将苹果缝合固定在帽子顶部。

33 在红色不织布上剪下2片标签，用回针法在其中1片上绣出字母，将2片标签反面重叠对齐用胶水粘贴在一起。

将标签固定在小狗耳朵上，同时缝上1颗小圆扣进行装饰。

在帽子另一侧底端固定1颗木扣子，用于固定弹力线，小狗帽子制作完毕。

Part 6

第六章

配饰及抱偶

袜子

制作难度 | ★☆☆☆☆

纸样尺寸 | GSC、OB11、OB24、BJD6分、大鱼体

图文教程演示尺寸 | BJD6分

实物1：1纸样 | 181页

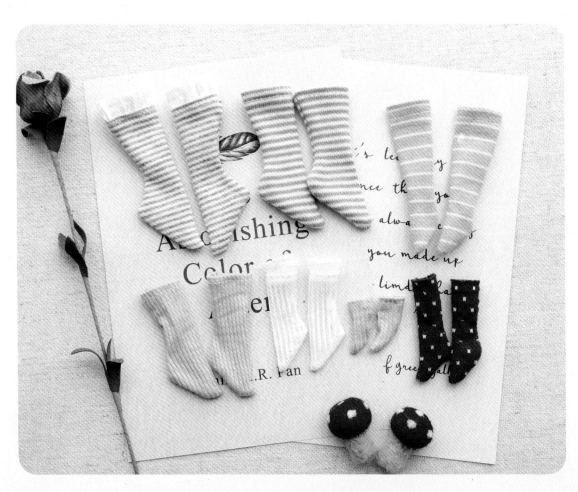

材料清单

① 薄款针织类布料和网纱类布料
② 弹力花边

小贴士

· 为了方便穿脱，通常会选择带弹性的薄款面料来制作袜子，比如针织类和网纱类布料。针织类的袜子比较常规，适合日常搭配；网纱类的袜子适合性感或仙气飘飘的风格。

· 在使用有弹性的布料时，一定要区分好布料的弹力方向和布纹方向，错误的判断可能会导致袜子无法正常穿脱。

缝制步骤

根据纸样在针织布料上剪下2片裁片，裁剪时预留至少0.5cm的缝份，针织类布料不会散边，不需要涂锁边液。

将花边边缘与袜子边缘对齐，沿完成线缝合。不需要缝合花边的袜子直接将袜口边缘内折缝合即可。

将花边往上翻，缝份往下翻，在花边和布料接缝处往下约0.2cm的位置压一条明线。

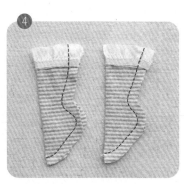

将袜子正面相对对折，沿完成线缝合。

缝好后将缝份剪至约0.3cm，并在凹进去的位置打剪口，注意不要剪到缝合线。

从袜口将袜子翻至正面，制作完成。

松果围裙

制作难度 | ★☆☆☆☆

纸样尺寸 | OB24、BJD6分、大鱼体（三个尺寸纸样通用）

图文教程演示尺寸 | OB24/BJD6分/大鱼体

实物1：1纸样 | 177页

材料清单

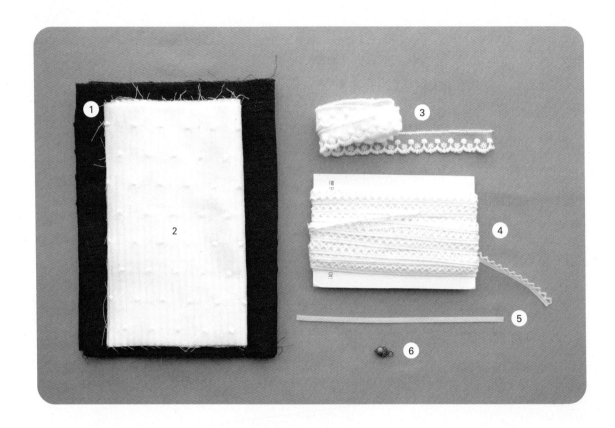

① 红色提花棉布（克重 100g/m）

② 白色提花棉布（克重 100g/m）

③ 蕾丝花边（宽约 1.5cm）

④ 牙形花边（宽约 7mm）

⑤ 丝带（宽约 3mm）

⑥ 松果吊坠（长约 8mm）

缝制步骤

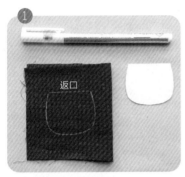

将红色提花棉布正面相对对折，在布料的反面画出围裙外层（注意布纹方向）。画好后缝合弧线边，直线边为返口，不需要缝合。

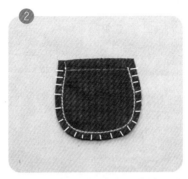

缝好后预留0.5cm的缝份裁剪，并在弧线边的缝份上打剪口，注意不要剪到缝合线。

从返口将围裙翻至正面，熨烫平整。

用平针法将牙形花边缝合固定在围裙弧线边上。

在白色提花棉布上剪下1片围裙内层，注意布纹方向，裁剪时不需要留缝份。然后在其中一条长边上用平针法缝一条抽褶线。

对下摆边缘进行抽丝处理，做出流苏，流苏宽度约0.5cm。

⑦

拉紧缝线，做出抽褶，抽褶边长度要和围裙外层直线边长度相等。

⑧

将围裙外层直线边与围裙内层抽褶边对齐，缝合固定。

⑨

剪下一段蕾丝花边（长度自定），将花边对折后包住围裙上边缘，并缝合固定。

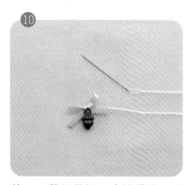

⑩

剪下一段丝带打一个蝴蝶结，将松果吊坠固定在蝴蝶结中间。

⑪

将蝴蝶结和松果吊坠缝合固定在围裙上，制作完成。

厨师围裙

制作难度 | ★★☆☆☆

纸样尺寸 | OB11、OB24、BJD6分、大鱼体（OB24、BJD6分、大鱼体纸样通用）

图文教程演示尺寸 | OB24/大鱼体/BJD6分

实物1：1纸样 | 169页

材料清单

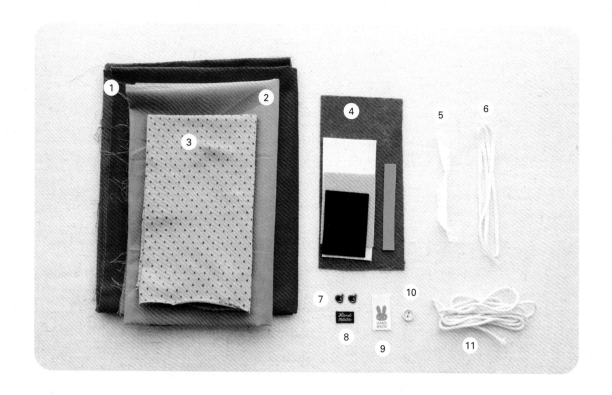

① 锈红色全棉灯芯绒（克重220g/m）

② 锈红色全棉巴厘纱60支精梳（克重100g/m）

③ 姜黄色针织布料（克重300g/m）

④ 不织布（厚度1mm，深棕色、白色、卡其色、黑色、蓝色）

⑤ 弹力花边（宽8mm）

⑥ 纯棉织带（宽3mm）

⑦ 气眼（直径2.5mm）

⑧ 字母织唛（规格1.5cm×1cm）

⑨ 卡通织唛（规格1.5cm×3cm）

⑩ 木扣子（直径1cm）

⑪ 米白色棉绳（宽2.5mm）

小贴士

由于OB11娃衣比较小，装饰材料的选择比较受限，所以需要对装饰物进行适当取舍。

缝制步骤

①

根据纸样裁剪出围裙表布和里布，裁剪时预留至少0.5cm的缝份，并在布片边缘涂一圈锁边液。

②

剪下两段纯棉织带（长度自定），分别将一端缝合固定在围裙表布正面。

③

将表布和里布正面相对重叠对齐，将织带从底部预留的返口中拉出来，沿完成线将表布和里布缝合起来，注意返口不缝合。

④

缝好后将缝份修剪至0.3cm左右，在凹进去的地方打剪口，注意不要剪到缝合线。

⑤

从返口将围裙翻至正面，将返口边缘向内翻折，用藏针法缝合返口。

⑥

在围裙边缘向内约0.3cm的位置压一圈明线。

用布料胶将字母织唛粘贴在胸前的位置，再用锥子在两侧分别戳一个洞，然后安装气眼（如果没有工具或者觉得麻烦，也可以不要气眼，直接将棉绳缝合在围裙上即可）。

将气眼塞进洞里，用气眼安装工具（橡胶锤、冲子、底座）将气眼安装在围裙上。

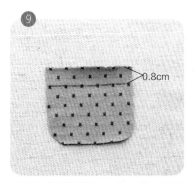

0.8cm

在点点布料上剪下1片口袋，裁剪时袋口边预留0.8cm的缝份，其他三边不需要留缝份。

将袋口向后折叠，沿完成线缝合。

在黑色不织布上画出字母刺绣贴，用回针法进行刺绣。

绣好后沿边缘剪下，用红线将绣片缝合固定在口袋中间，注意只需要缝合4个角即可。

沿口袋边缘向内约0.3cm的位置将口袋缝合在围裙上，注意袋口不缝合。

参照卡通织唛的尺寸在蓝色不织布上裁剪1片小标签，注意标签宽度比织唛窄，但是长度比织唛长。

将织唛、蓝色标签和木扣子按照如图所示的顺序叠放，并用针线缝合固定在围裙上。

取2段棉绳（长度自定），将一端穿过气眼并打结（若没有安装气眼，可以直接用针线将棉绳缝合在围裙上）。

在白色不织布上拓印小鱼图案，用回针法绣出外轮廓，用直线绣绣出眼睛、鱼鳞和尾巴。

绣好后预留约0.2cm的边缘裁剪，在绣片背面涂上胶水，再次粘贴在不织布上。

沿绣片边缘剪去多余的底布，小鱼绣片制作完毕。

分别在卡其色不织布和深棕色不织布上拓印出面包图案，用直线绣绣出中间的细节，绣好后直接沿边缘裁剪下来。

在2片面包背面涂上胶水，然后粘贴在深棕色不织布上。

裁剪底布时，分别在左侧多预留一些底布形成面包的阴影，这样做出来的面包更加有立体感。

用布料胶水将弹力花边粘贴在围裙底边，围裙制作完成。

狗狗提包

制作难度 | ★★★☆☆

成品尺寸 | 宽约6.5cm，高度自定

实物1∶1纸样 | 181页

材料清单

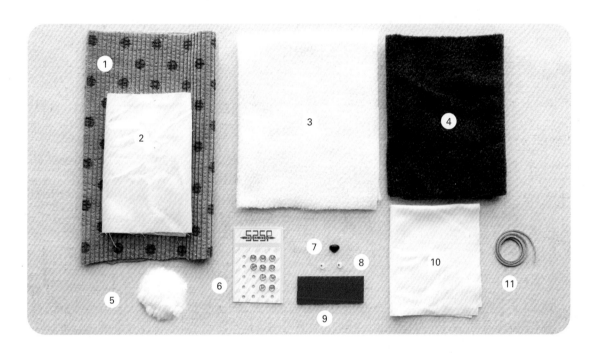

① 波点灯芯绒（克重430g/m）

② 白色全棉巴厘纱60支精梳（克重100g/m）

③ 白色摇粒绒（克重330g/m）

④ 深灰色摇粒绒（克重330g/m）

⑤ PP棉

⑥ 按扣（直径6mm）

⑦ 狗狗黑鼻头（规格7mm×9mm）

⑧ 仿真可动眼（直径5mm）

⑨ 红色不织布（厚度1mm）

⑩ 白色针织布（克重420g/m）

⑪ 皮绳（宽3mm）

小贴士

· 狗狗鼻子可以用不会散边的布料替代，如不织布、针织布等。

· 包带可以替换成任何你喜欢的材料，比如金属链、蜡线、棉绳等。如果想做成斜挎包，加长包带长度即可。

缝制步骤

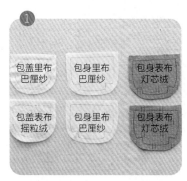

根据纸样裁剪出对应数量的裁片，裁剪时请预留至少0.5cm的缝份，并在布片边缘涂一圈锁边液。

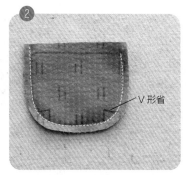

将2片包身表布正面相对重叠对齐，缝合弧线边。注意两个V形省（包底的两个V形角）暂时不需要缝合。

捏起包底的两个V形省，用针线缝合固定，通过折叠缝合面料能使包包更加立体。

将包身翻到正面。

用同样的方法缝合包身里布。

将包盖表布和里布正面相对重叠对齐，缝合弧线边。

修剪弧线边的缝份宽度至0.3cm左右，并在缝份上打剪口，注意不要剪到缝合线。

将包盖翻至正面。

摇粒绒（表布）
巴厘纱（里布）

将包盖与包身正面相对，对齐包口边缘，缝合固定。

返口

将包身里布反面朝外套在步骤9的包体上（此时包身表布和里布是正面相对的），对齐包口，沿完成线缝合一圈，预留一个2cm的返口不缝合。

包盖
包身里布
包身表布

从返口将包包翻至正面。

将包身里布塞进包包中，整理整齐，将返口边缘沿完成线向内翻折，用藏针法缝合返口。

在包盖和包身上固定按扣，包包主体部分制作完成。接下来可以在包包上添加各种喜欢的装饰物。

将白色针织布正面相对对折，在布料反面画出狗狗鼻子，注意布纹方向为横向。画好后沿完成线缝合完整的一圈。

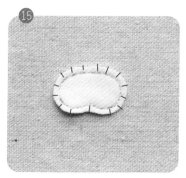

缝好后预留0.3cm的缝份裁剪，并在缝份上打剪口，注意不要剪到缝合线。

将两层布料拉开，并在其中一层布料上剪开一个长约1cm的小口。

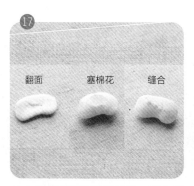

翻面　塞棉花　缝合

从小口将鼻子翻至正面，填入适量棉花，并用针线将小口缝合。

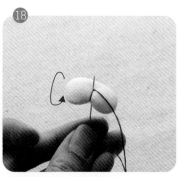

从鼻子正中间入针，从正下方凹进去的位置绕线后再次从中间出针，重复2次，拉紧针线，让鼻子更加立体。

在鼻子两边缝出几粒点点作为胡子。

在红色不织布上画出1片舌头，在灰色摇粒绒上画出1片斑纹，分别剪下待用，裁剪时不用留缝份，直接沿边缘裁剪。

用布料胶将舌头和黑鼻头粘贴在对应的位置上。

将深灰色摇粒绒正面相对对折，在布料反面画出2只耳朵，注意区分布纹方向。画好后沿完成线缝合，注意返口不缝合。

缝好后预留0.3cm的缝份裁剪，因为耳朵很小，缝份留窄一些更好翻面。从返口将耳朵翻至正面，用藏针法将返口缝合。

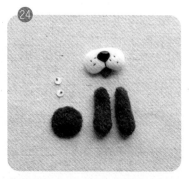

准备好眼睛、鼻子、斑纹、耳朵，接下来将这些部件用布料胶一一粘贴在包包上。

先将斑纹粘贴在包盖上，然后粘贴鼻子，最后粘贴眼睛。

用藏针法将两只耳朵缝合固定在包盖两侧。

剪下一段皮绳（长度自定），用布料胶将皮绳两端粘贴在包包两侧，狗狗提包制作完成。

小熊抱偶

制作难度 | ★★☆☆☆

成品尺寸 | 高约9cm，因面料有弹性，制作完成后的尺寸会有所差异

实物1：1纸样 | 182页

材料清单

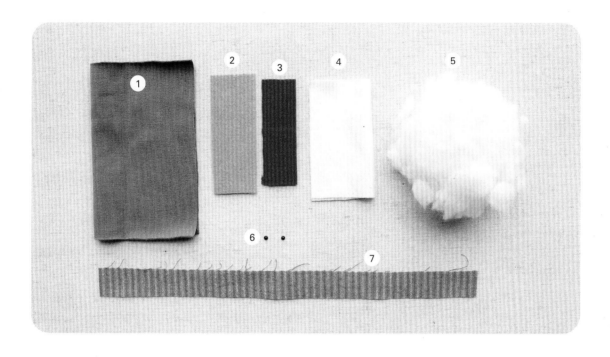

① 深棕色针织布（克重450g/m）

② 卡其色不织布（厚度1mm）

③ 红色不织布（厚度1mm）

④ 白色纯棉针织布（克重420g/m）

⑤ PP棉

⑥ 仿真平底眼（直径3mm）

⑦ 先染条纹布（克重220g/m）

小贴士

· 针织类布料弹性比较大，用来制作比较小的东西时更容易翻面。

· 建议选择稍微有些厚度的针织面料，填充棉花后不易变形且更有肌理感。

· 描画纸样时务必注意布纹方向，布纹方向决定了最后的成品是瘦高型还是矮胖型。

· 如果是手缝，要尽量把针脚缝得细密均匀一些，若针脚太大，塞棉后容易脱线或漏棉。

缝制步骤

将深棕色针织布正面相对对折，在布料反面画出小熊形状，沿画好的线迹缝合一圈，注意返口不缝合。

缝好后预留0.3cm的缝份裁剪下来，并在每一个凹进去的位置打剪口，注意不能剪到缝合线。

从返口将小熊翻至正面。

从返口往身体里填入适量棉花，先将耳朵和四肢填满后再填充其余部位。

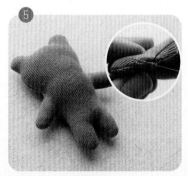

用藏针法将返口缝合。

在白色针织布上画出1片小熊鼻子，预留0.5cm的缝份裁剪下来，用平针法缝一条抽褶线。

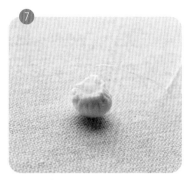

拉紧针线，使布片形成碗状，并往里面填入适量棉花。

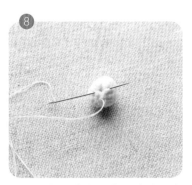

再次拉紧针线将口完全收拢，来回缝几针固定。

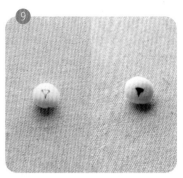

在鼻子正面画出鼻头形状，画好后用缎面绣绣出鼻头。

用藏针法将鼻子缝合固定在小熊脸上。

用布料胶将眼睛粘贴在鼻子两侧。

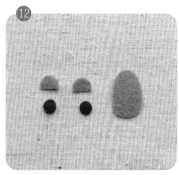

在不织布上剪下内耳、腮红和肚皮。

用布料胶将内耳和腮红粘贴在对应的位置上。

用深色缝线在肚皮下方绣一个"X"作为肚脐。

用布料胶将肚皮粘贴在对应的位置。

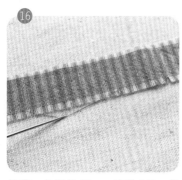

16

17

18

裁剪一条长约25cm，宽约2.5cm的布条（注意不要裁斜），四边进行抽丝处理，做出流苏。

用力揉搓布条使其带有褶皱的样子。

将围巾围在小熊脖子上，制作完成。

兔子抱偶

制作难度 | ★★☆☆☆

成品尺寸 | 高约7cm，面料有弹性，做出来的成品尺寸会有所差异

实物1：1纸样 | 182页

材料清单

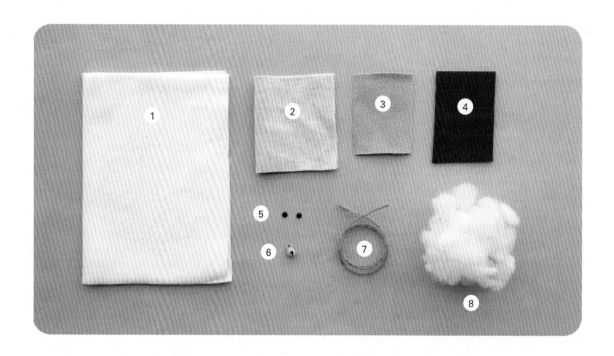

① 白色纯棉针织布（克重420g/m）

② 浅棕色纯棉针织布（薄厚不限）

③ 粉色纯棉针织布（薄厚不限）

④ 红色不织布（厚度1mm）

⑤ 仿真平底眼（直径3mm）

⑥ 铃铛（直径5mm）

⑦ 麻绳（直径1mm）

⑧ PP棉

小贴士

· 描画纸样时注意布纹方向，错误的判断可能会导致成品严重变形。

· 如果是手缝，尽量把针脚缝得细密均匀一些，若针脚缝太大，塞棉后容易脱线或漏棉。

缝制步骤

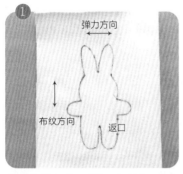

将白色针织布正面相对对折，在布料背面画出兔子轮廓，画好后沿完成线缝合，注意返口不缝合。

缝好后预留0.3cm宽的缝份进行裁剪，并在每一个凹进去的位置打剪口，注意不要剪到缝合线。

从返口将身体翻至正面。

从返口往身体里填入适量棉花，先将耳朵和四肢填满再填充其他地方。

填好棉花后，将返口边缘向内折，用藏针法缝合返口。

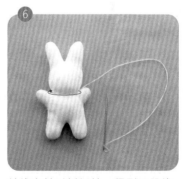

单线穿针对折打结，得到双股线，将针线在脖子的位置绕两圈，稍拉紧打结，区分脖子和身体。

用同样的方法在耳朵根部绕线并稍拉紧打结，区分耳朵和头部。

在粉色针织布上剪下2片内耳，用布料胶粘贴在耳朵上。

用布料胶将眼睛粘贴在脸部对应的位置上。

用深色线在两眼中间下方的位置绣出嘴巴，从肚子正中间的位置入针和出针。

用红色线绣出红鼻头，从肚子正中间的位置入针和出针。

在浅棕色针织布上剪下1片肚皮，在肚皮下方的位置绣出一个"X"作为肚脐，用布料胶将肚皮粘贴在身体上，遮挡住线头。

在红色不织布上剪下2片爱心，在其中一片爱心上用白线绣出两点高光。

剪下1段麻绳，在脖子上绕两圈打一个死结。

将麻绳夹在2片爱心中间，并用布料胶将两片爱心以及麻绳粘贴在一起。

将小铃铛用针线固定在脖子正中间的位置。

在四肢和脸部涂抹一些腮红，兔子抱偶制作完毕。

纸样

    纸样都是净样，不含缝份，排版时需要留出至少0.5cm的缝份进行裁剪。描画纸样时，大都是在布料的反面进行描画，少数情况会在布料的正面描画纸样，教程中会有提示说明。

纸样符号说明

布纹方向	↕	正确判断布纹方向，做出来的服装不易变形
对折线	⌒	代表纸样为一半，需要对折使用才能得到完整的形状
缩褶	〜〜〜	表示某一条边需要做缩褶处理

微信扫码即可下载PDF电子纸样

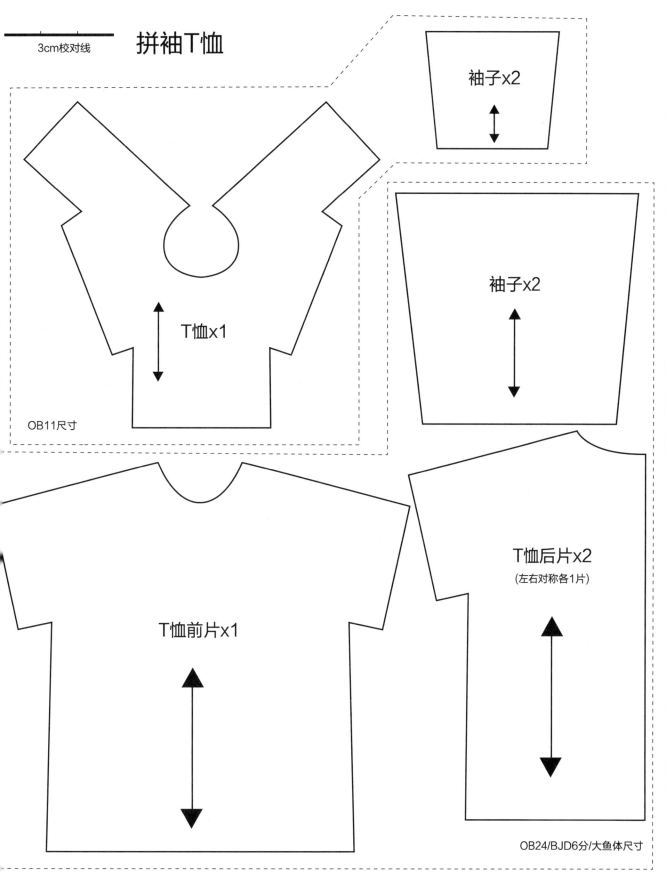

拼袖T恤

3cm校对线

袖子x2

袖子x2

T恤x1

OB11尺寸

T恤前片x1

T恤后片x2

(左右对称各1片)

OB24/BJD6分/大鱼体尺寸

153

马甲

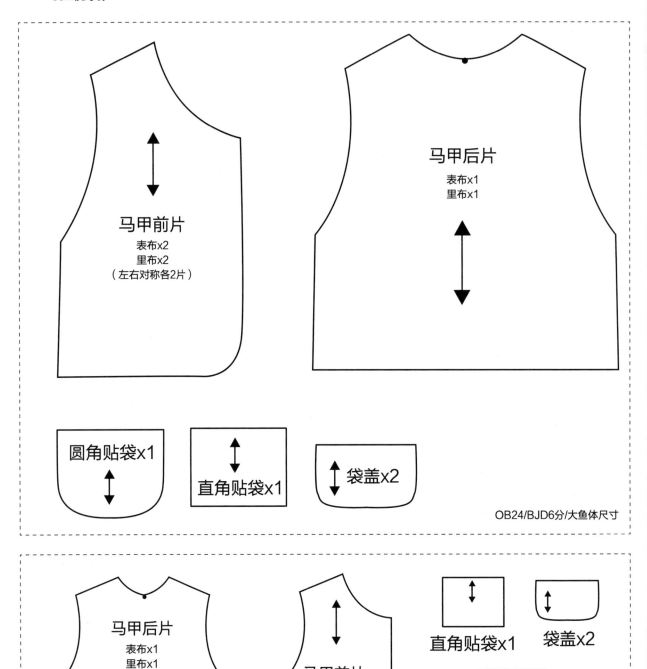

马甲前片
表布x2
里布x2
（左右对称各2片）

马甲后片
表布x1
里布x1

圆角贴袋x1

直角贴袋x1

袋盖x2

OB24/BJD6分/大鱼体尺寸

马甲后片
表布x1
里布x1

马甲前片
表布x2
里布x2
左右对称各2片

直角贴袋x1

袋盖x2

圆角贴袋x1

OB11尺寸

3cm校对线

全内衬外套

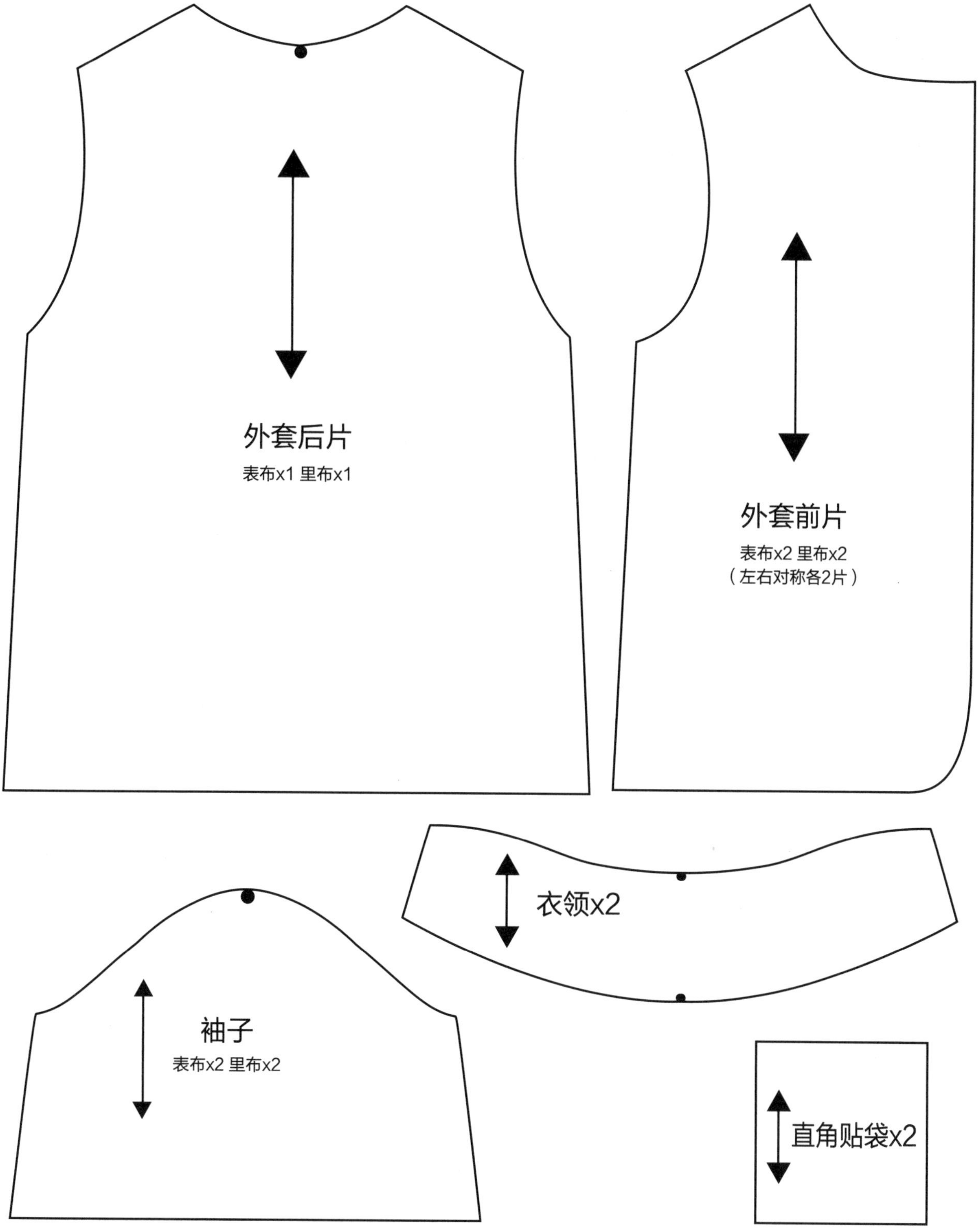
外套后片
表布x1 里布x1
外套前片
表布x2 里布x2
（左右对称各2片）
衣领x2
袖子
表布x2 里布x2
直角贴袋x2

OB24/BJD6分/大鱼体尺寸

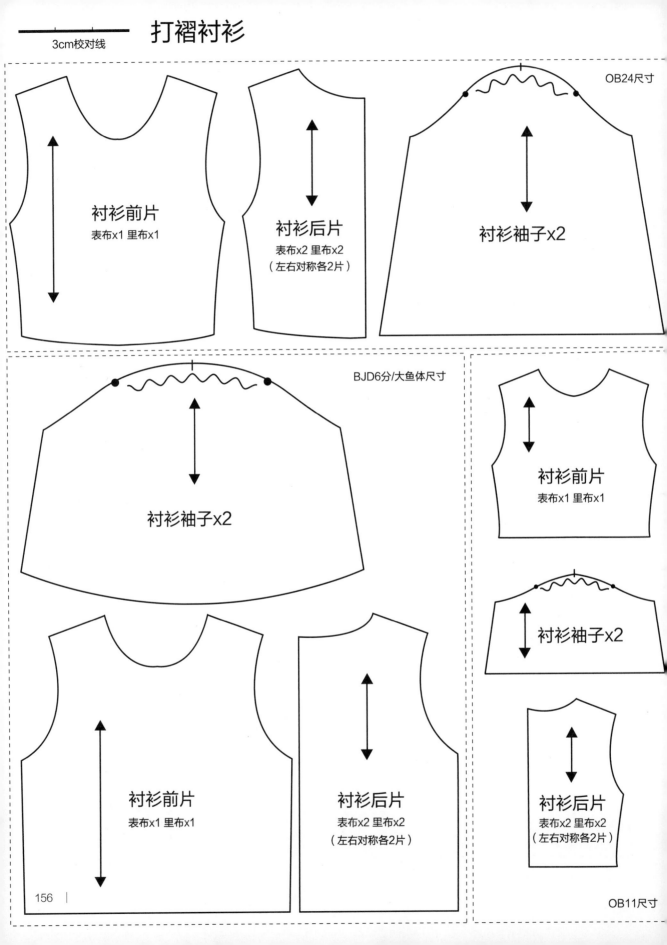

打褶衬衫

3cm校对线

OB24尺寸

衬衫前片
表布x1 里布x1

衬衫后片
表布x2 里布x2
（左右对称各2片）

衬衫袖子x2

BJD6分/大鱼体尺寸

衬衫袖子x2

衬衫前片
表布x1 里布x1

衬衫袖子x2

衬衫前片
表布x1 里布x1

衬衫后片
表布x2 里布x2
（左右对称各2片）

衬衫后片
表布x2 里布x2
（左右对称各2片）

156

OB11尺寸

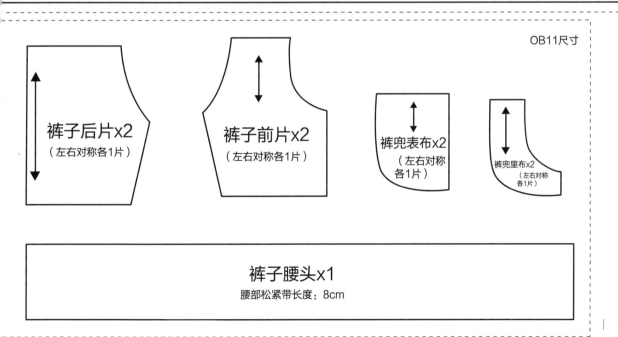

基础长裤

OB24尺寸

裤子后片x2
（左右对称各1片）

裤子前片x2
（左右对称各1片）

裤兜里布x2
（左右对称各1片）

裤兜表布x2
（左右对称各1片）

裤子腰头x1
腰部松紧带长度：9cm

OB11尺寸

裤子后片x2
（左右对称各1片）

裤子前片x2
（左右对称各1片）

裤兜表布x2
（左右对称各1片）

裤兜里布x2
（左右对称各1片）

裤子腰头x1
腰部松紧带长度：8cm

基础长裤

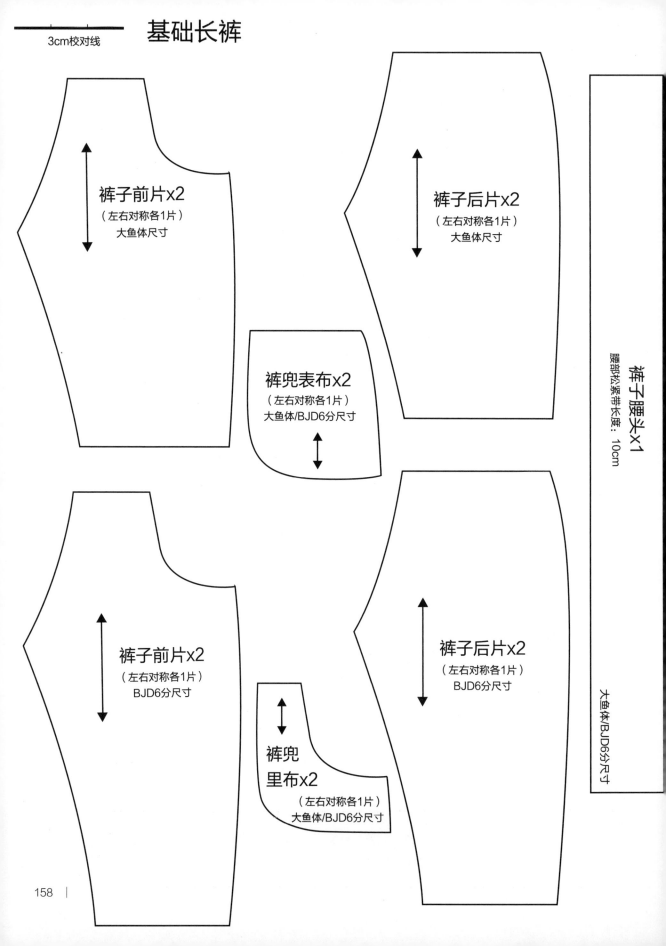

裤子前片x2
（左右对称各1片）
大鱼体尺寸

裤子后片x2
（左右对称各1片）
大鱼体尺寸

裤兜表布x2
（左右对称各1片）
大鱼体/BJD6分尺寸

裤子前片x2
（左右对称各1片）
BJD6分尺寸

裤子后片x2
（左右对称各1片）
BJD6分尺寸

裤兜
里布x2
（左右对称各1片）
大鱼体/BJD6分尺寸

裤子腰头x1
腰部松紧带长度：10cm
大鱼体/BJD6分尺寸

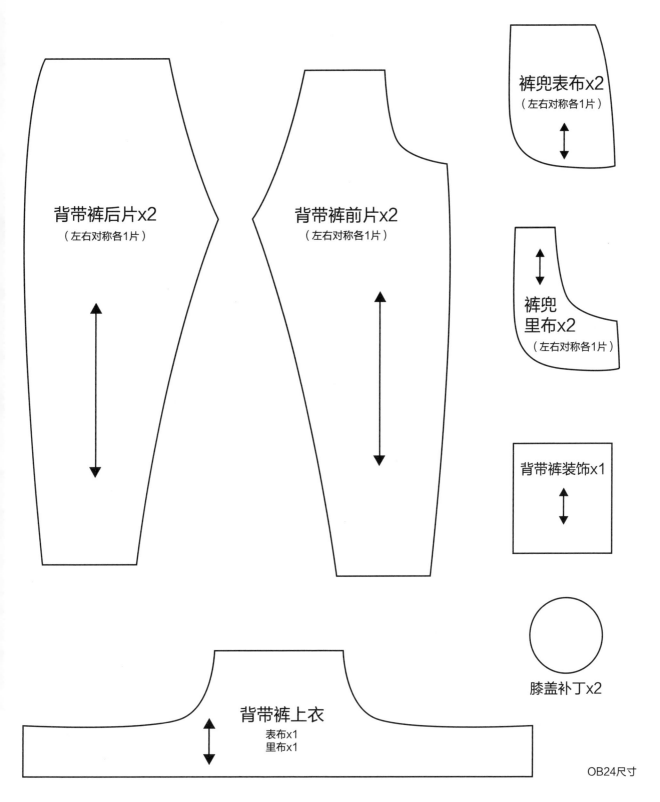

3cm校对线

背带裤

裤兜表布x2

（左右对称各1片）

背带裤后片x2

（左右对称各1片）

背带裤前片x2

（左右对称各1片）

裤兜
里布x2

（左右对称各1片）

背带裤装饰x1

膝盖补丁x2

背带裤上衣

表布x1
里布x1

OB24尺寸

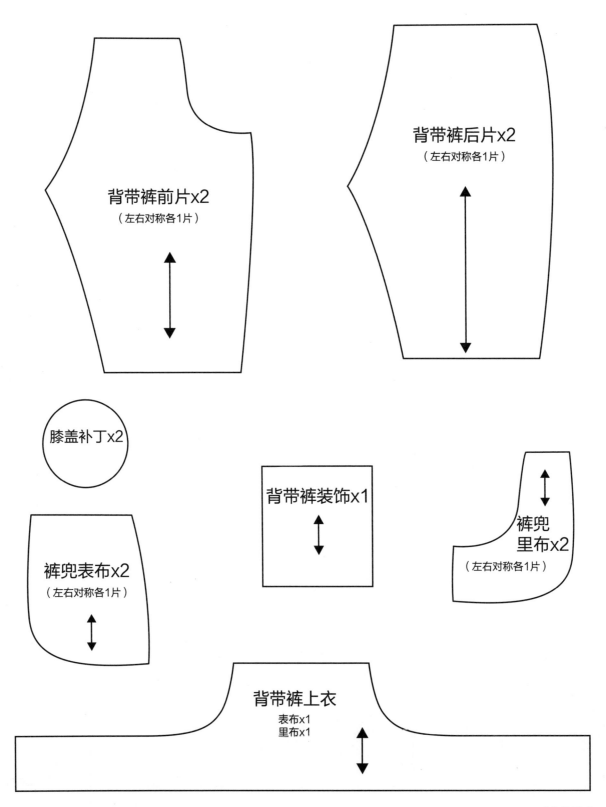

背带裤

背带裤前片x2

（左右对称各1片）

背带裤后片x2

（左右对称各1片）

膝盖补丁x2

背带裤装饰x1

裤兜
里布x2

（左右对称各1片）

裤兜表布x2

（左右对称各1片）

背带裤上衣

表布x1
里布x1

大鱼体尺寸

背带裤

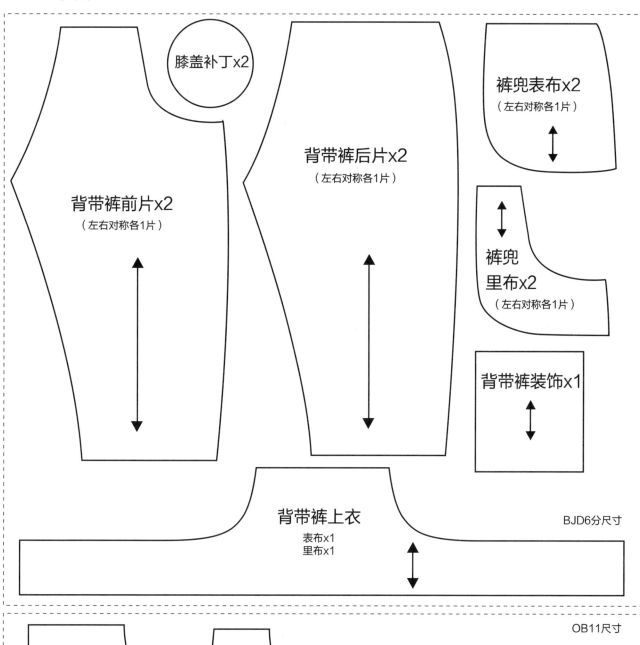

3cm校对线

膝盖补丁x2

背带裤前片x2
（左右对称各1片）

背带裤后片x2
（左右对称各1片）

裤兜表布x2
（左右对称各1片）

裤兜
里布x2
（左右对称各1片）

背带裤装饰x1

背带裤上衣
表布x1
里布x1

BJD6分尺寸

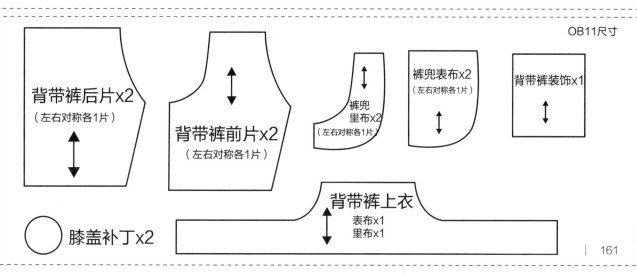

OB11尺寸

背带裤后片x2
（左右对称各1片）

背带裤前片x2
（左右对称各1片）

裤兜
里布x2
（左右对称各1片）

裤兜表布x2
（左右对称各1片）

背带裤装饰x1

膝盖补丁x2

背带裤上衣
表布x1
里布x1

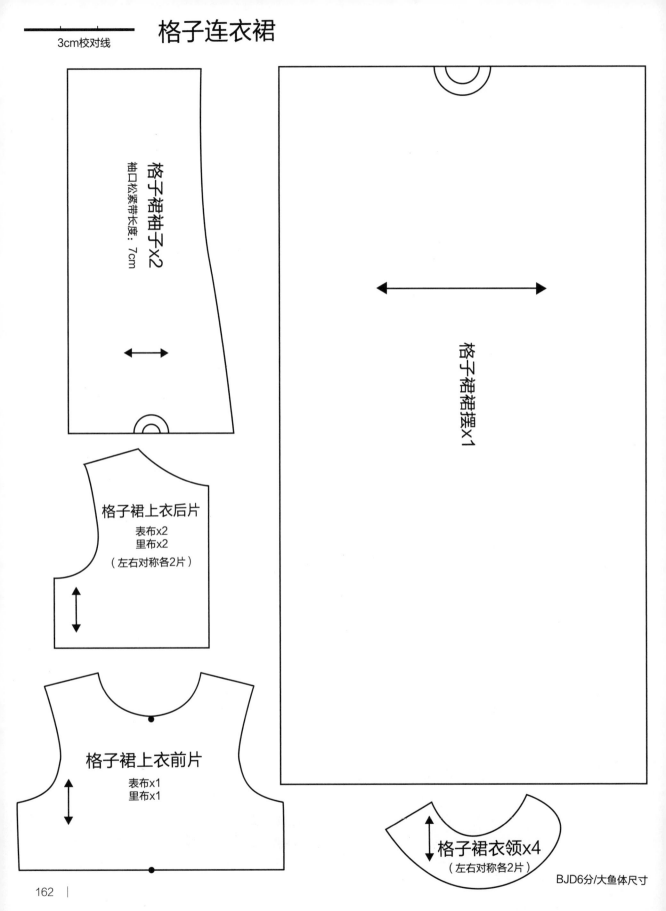

格子连衣裙

格子裙袖子x2
袖口松紧带长度：7cm

格子裙裙摆x1

格子裙上衣后片
表布x2
里布x2
（左右对称各2片）

格子裙上衣前片
表布x1
里布x1

格子裙衣领x4
（左右对称各2片）

BJD6分/大鱼体尺寸

162

格子连衣裙

格子裙袖子x2

袖口松紧带长度：5.5cm

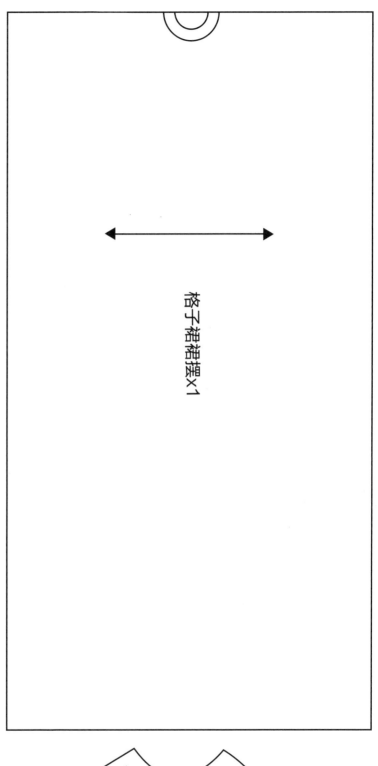

格子裙裙摆x1

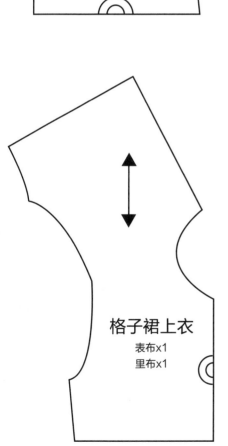

格子裙上衣

表布x1

里布x1

格子裙衣领x4

（左右对称各2片）

OB24尺寸 | 163

刺绣背心裙

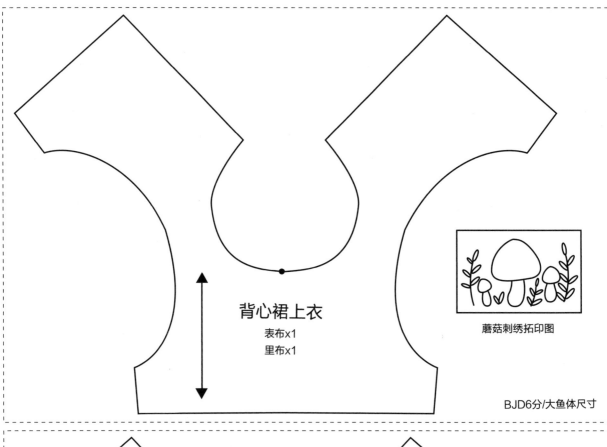

背心裙上衣

表布x1

里布x1

蘑菇刺绣拓印图

BJD6分/大鱼体尺寸

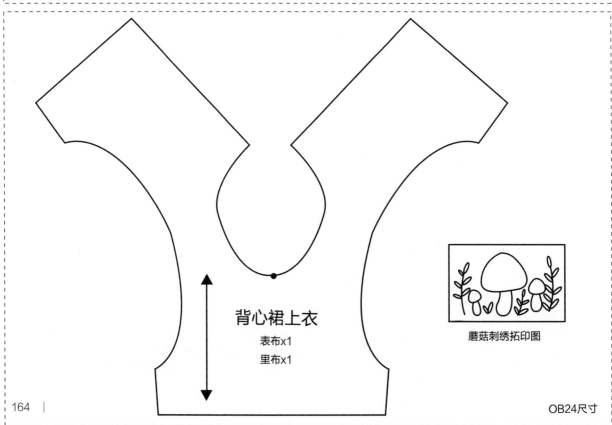

背心裙上衣

表布x1

里布x1

蘑菇刺绣拓印图

OB24尺寸

刺绣背心裙

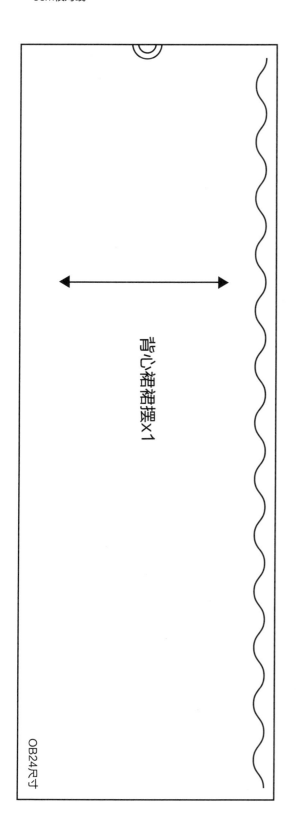

背心裙裙摆x1

OB24尺寸

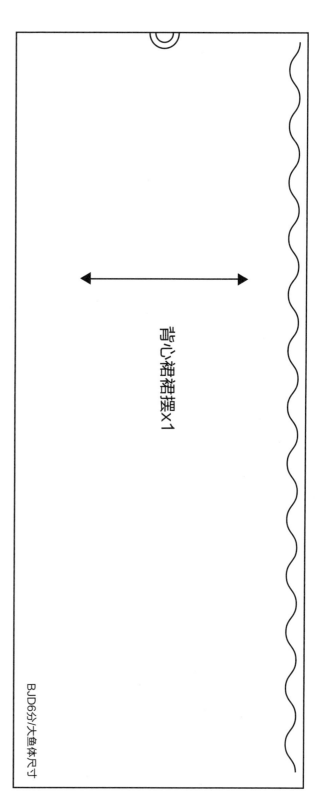

背心裙裙摆x1

BJD6分/大鱼体尺寸

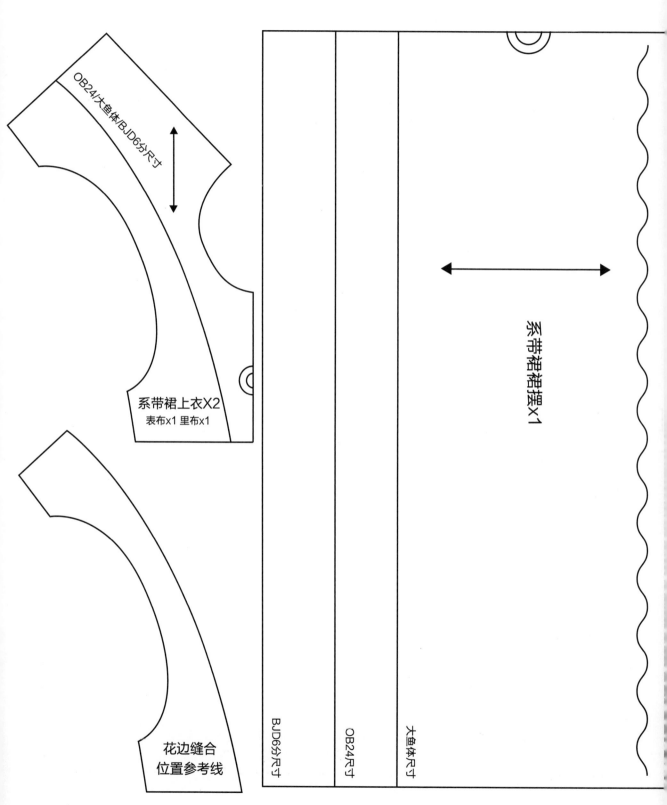

系带背心裙

OB24/大鱼体/BJD6分尺寸

系带裙上衣X2
表布x1 里布x1

系带裙裙摆x1

花边缝合
位置参考线

BJD6分尺寸

OB24尺寸

大鱼体尺寸

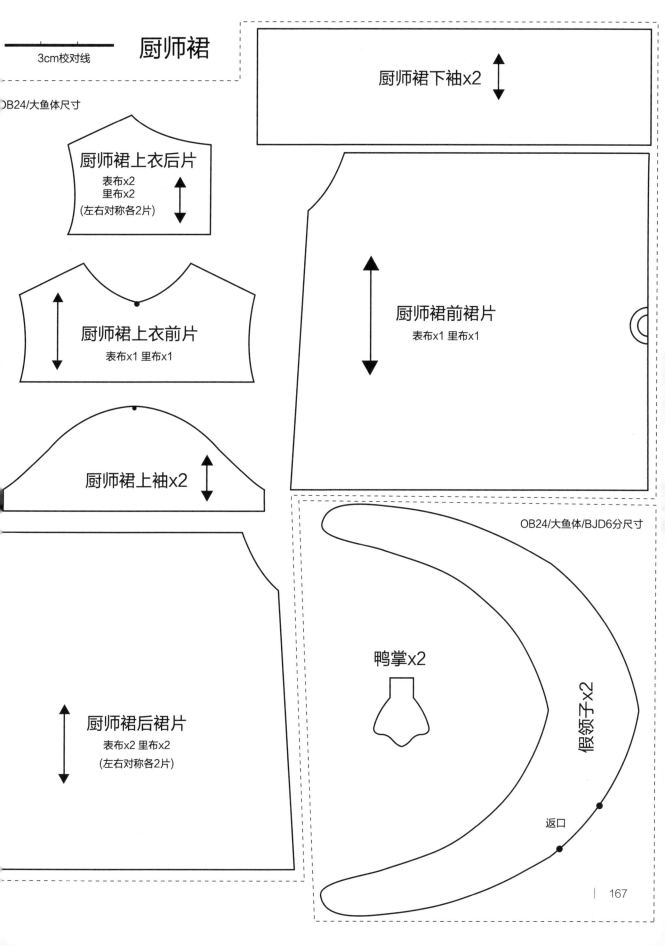

3cm校对线

厨师裙

OB24/大鱼体尺寸

厨师裙下袖x2

厨师裙上衣后片
表布x2
里布x2
(左右对称各2片)

厨师裙上衣前片
表布x1 里布x1

厨师裙前裙片
表布x1 里布x1

厨师裙上袖x2

OB24/大鱼体/BJD6分尺寸

厨师裙后裙片
表布x2 里布x2
(左右对称各2片)

鸭掌x2

假领子x2

返口

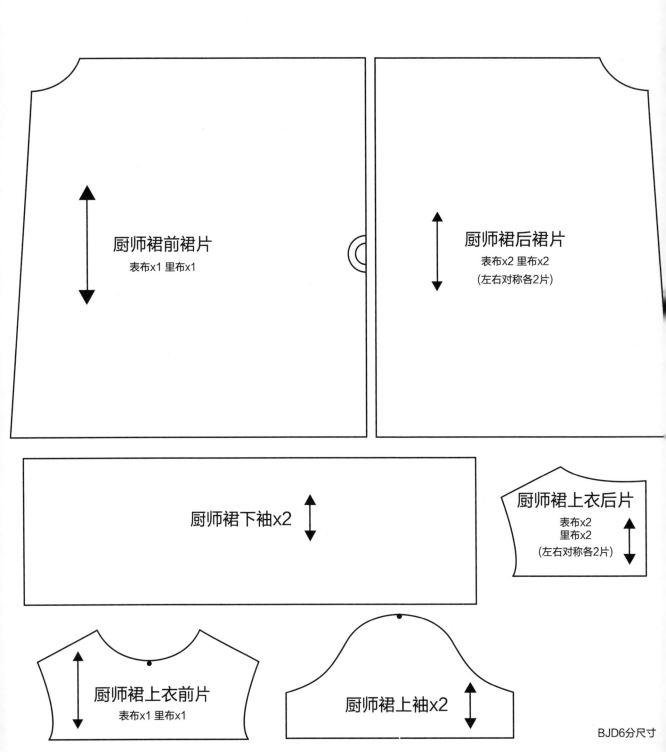

厨师裙

厨师裙前裙片
表布x1 里布x1

厨师裙后裙片
表布x2 里布x2
(左右对称各2片)

厨师裙下袖x2

厨师裙上衣后片
表布x2
里布x2
(左右对称各2片)

厨师裙上衣前片
表布x1 里布x1

厨师裙上袖x2

BJD6分尺寸

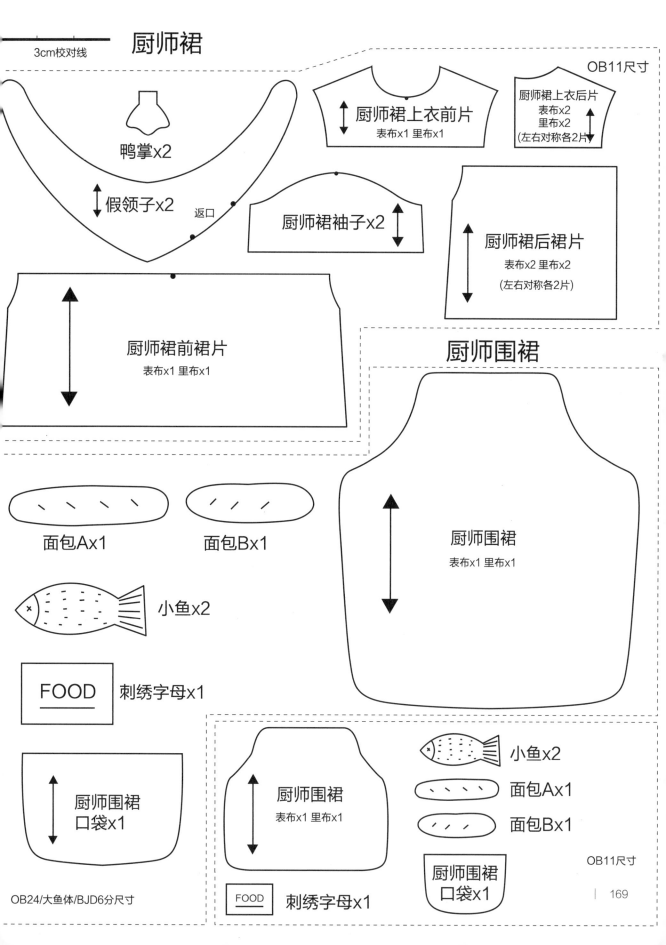

厨师裙

3cm校对线

OB11尺寸

鸭掌x2

假领子x2

返口

厨师裙上衣前片
表布x1 里布x1

厨师裙上衣后片
表布x2
里布x2
(左右对称各2片)

厨师裙袖子x2

厨师裙后裙片
表布x2 里布x2
(左右对称各2片)

厨师裙前裙片
表布x1 里布x1

厨师围裙

面包Ax1

面包Bx1

厨师围裙
表布x1 里布x1

小鱼x2

FOOD　刺绣字母x1

厨师围裙
口袋x1

厨师围裙
表布x1 里布x1

小鱼x2

面包Ax1

面包Bx1

OB11尺寸

厨师围裙
口袋x1

OB24/大鱼体/BJD6分尺寸

FOOD　刺绣字母x1

钉珠连衣裙

3cm校对线

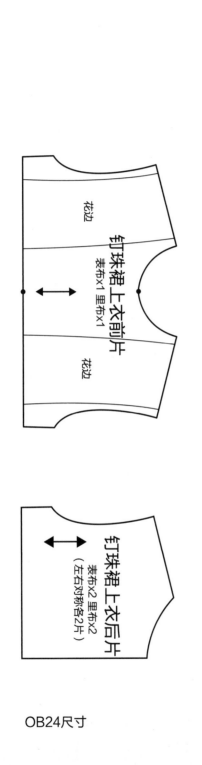

花边

钉珠裙上衣前片

表布x1 里布x1

花边

钉珠裙上衣后片

表布x2 里布x2
（左右对称各2片）

OB24尺寸

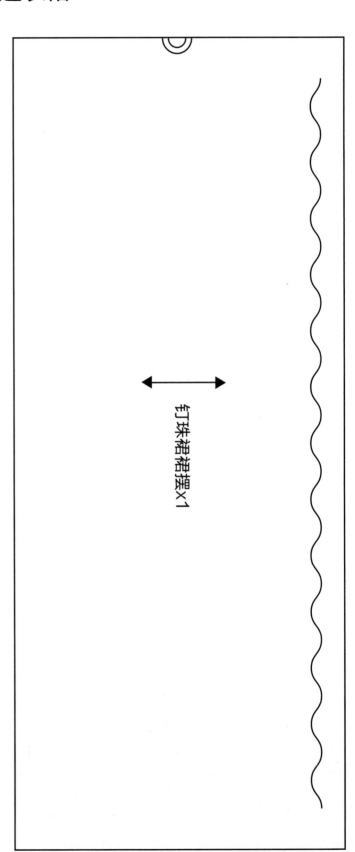

钉珠裙裙摆x1

钉珠连衣裙

3cm校对线

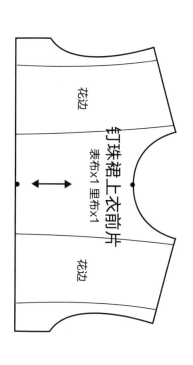

花边

钉珠裙上衣前片
表布x1 里布x1

花边

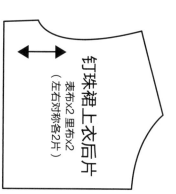

钉珠裙上衣后片
表布x2 里布x2
（左右对称各2片）

BJD6分/大鱼体尺寸

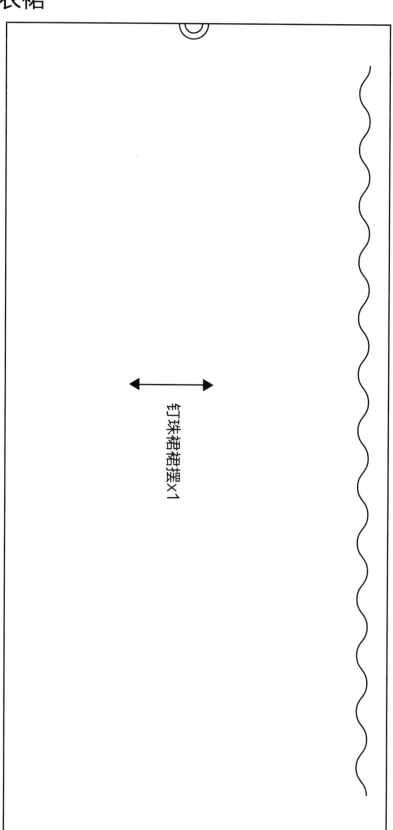

钉珠裙裙摆x1

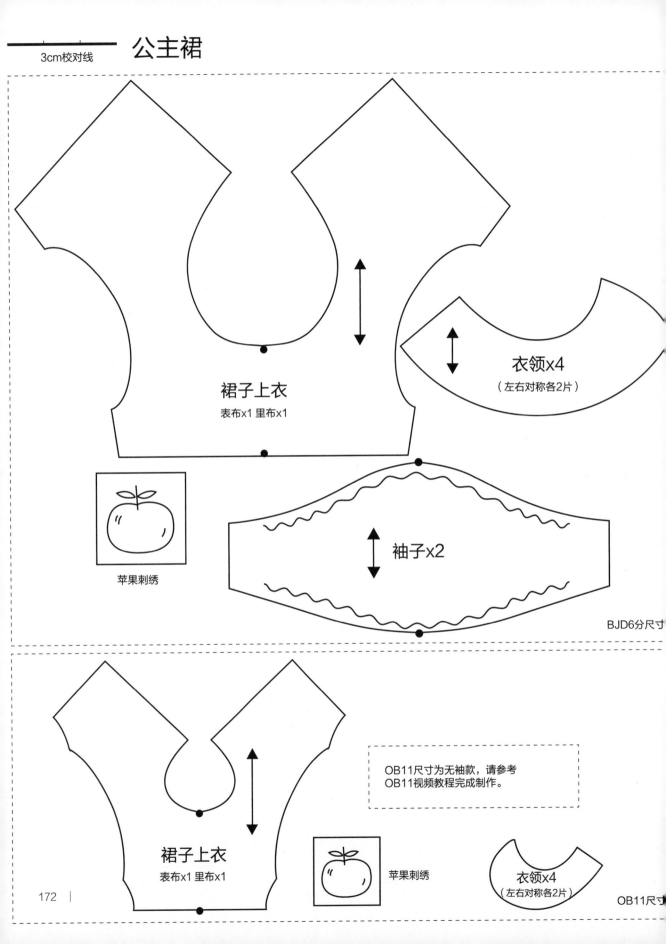

公主裙

裙子上衣

表布x1 里布x1

衣领x4

（左右对称各2片）

苹果刺绣

袖子x2

BJD6分尺寸

裙子上衣

表布x1 里布x1

苹果刺绣

OB11尺寸为无袖款，请参考
OB11视频教程完成制作。

衣领x4

（左右对称各2片）

OB11尺寸

172

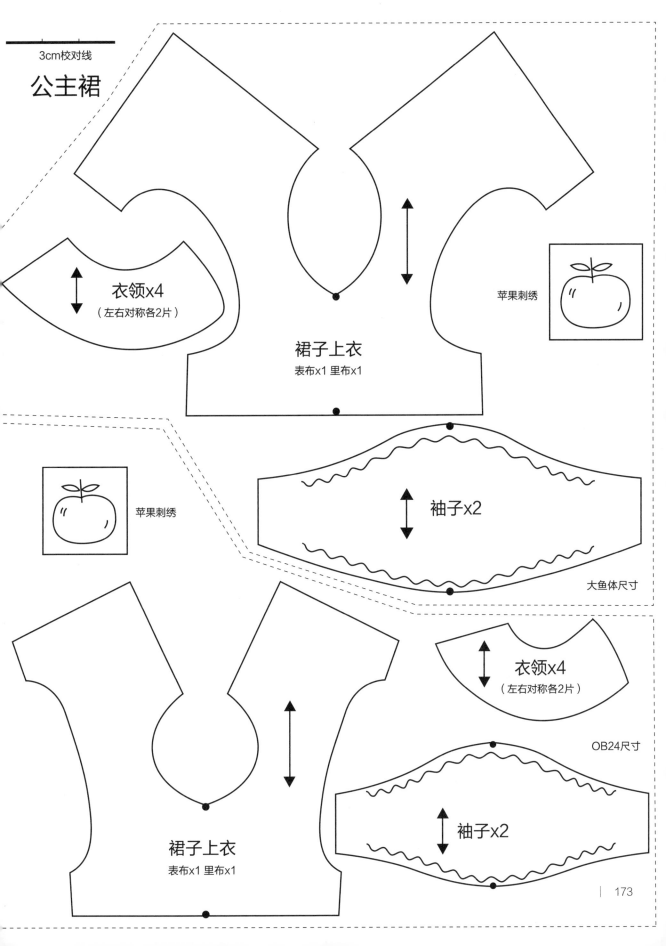

3cm校对线

公主裙

衣领x4
（左右对称各2片）

裙子上衣
表布x1 里布x1

苹果刺绣

苹果刺绣

袖子x2

大鱼体尺寸

衣领x4
（左右对称各2片）

OB24尺寸

裙子上衣
表布x1 里布x1

袖子x2

| 173

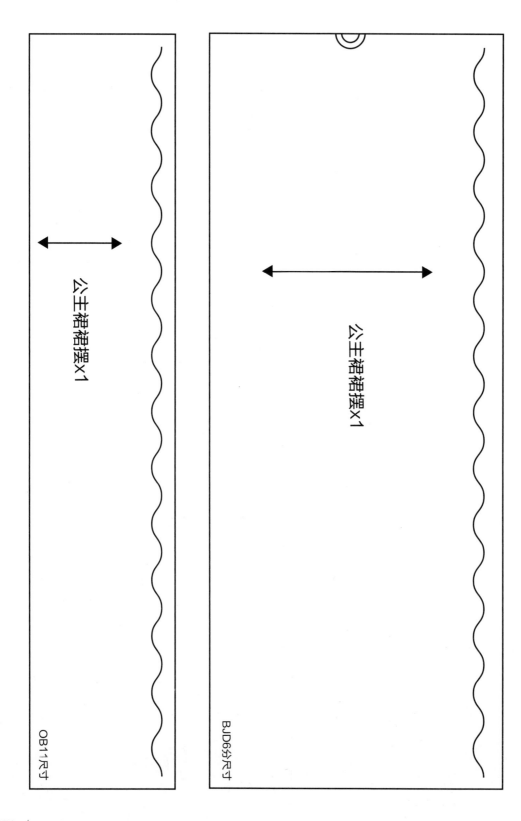

公主裙

公主裙裙摆x1

OB11尺寸

公主裙裙摆x1

BJD6分尺寸

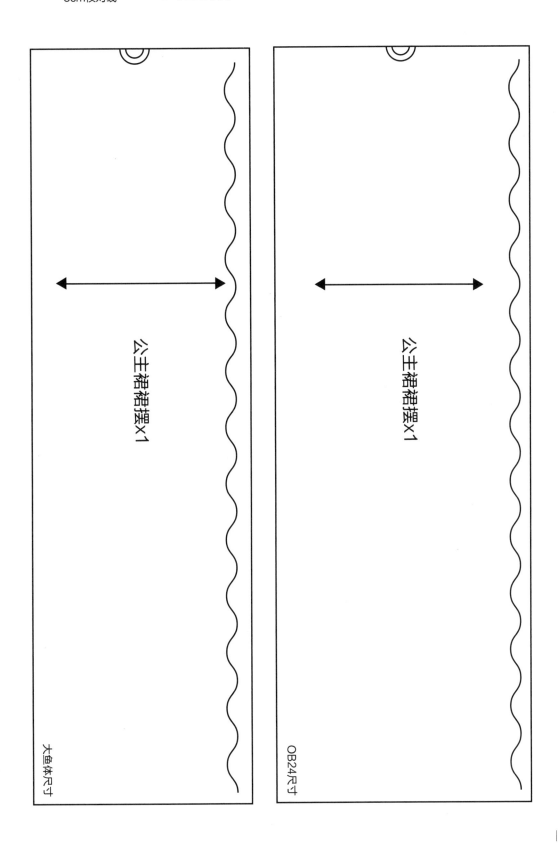

公主裙

公主裙裙摆x1

大鱼体尺寸

公主裙裙摆x1

OB24尺寸

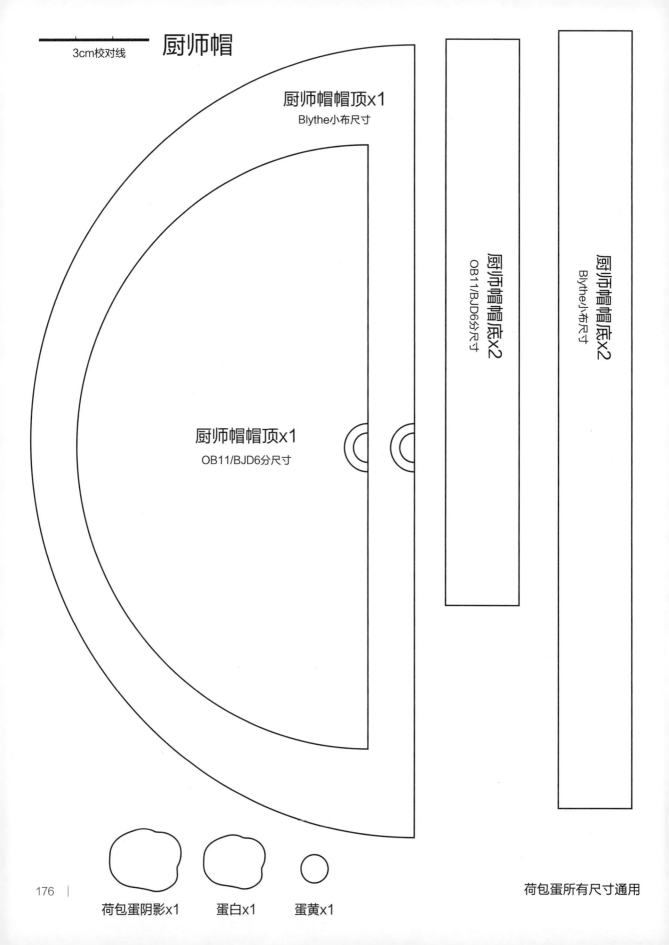

厨师帽

3cm校对线

厨师帽帽顶x1
Blythe小布尺寸

厨师帽帽顶x1
OB11/BJD6分尺寸

厨师帽帽底x2
OB11/BJD6分尺寸

厨师帽帽底x2
Blythe小布尺寸

荷包蛋阴影x1　　蛋白x1　　蛋黄x1

荷包蛋所有尺寸通用

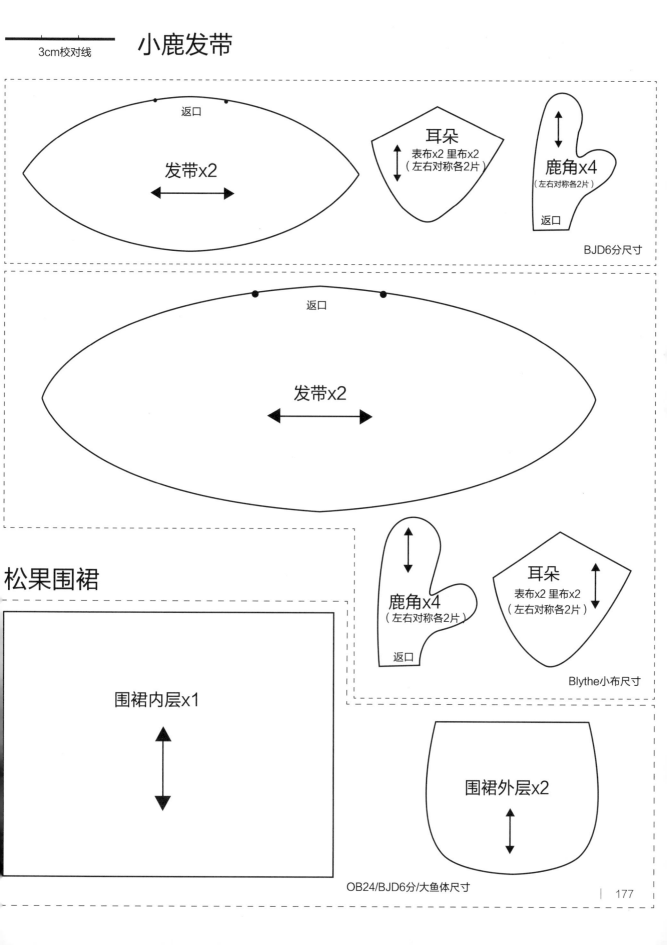

3cm校对线

小鹿发带

返口

发带x2

耳朵
表布x2 里布x2
（左右对称各2片）

鹿角x4
（左右对称各2片）

返口

BJD6分尺寸

返口

发带x2

鹿角x4
（左右对称各2片）

返口

耳朵
表布x2 里布x2
（左右对称各2片）

Blythe小布尺寸

松果围裙

围裙内层x1

围裙外层x2

OB24/BJD6分/大鱼体尺寸

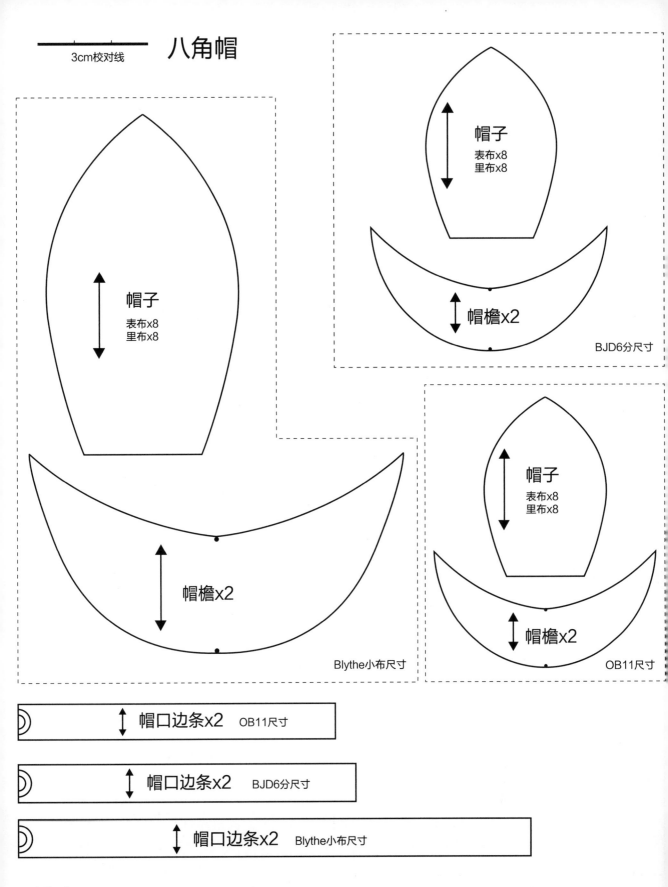

3cm校对线

八角帽

帽子
表布x8
里布x8

帽子
表布x8
里布x8

帽檐x2

BJD6分尺寸

帽檐x2

Blythe小布尺寸

帽子
表布x8
里布x8

帽檐x2

OB11尺寸

帽口边条x2　OB11尺寸

帽口边条x2　　BJD6分尺寸

帽口边条x2　　Blythe小布尺寸

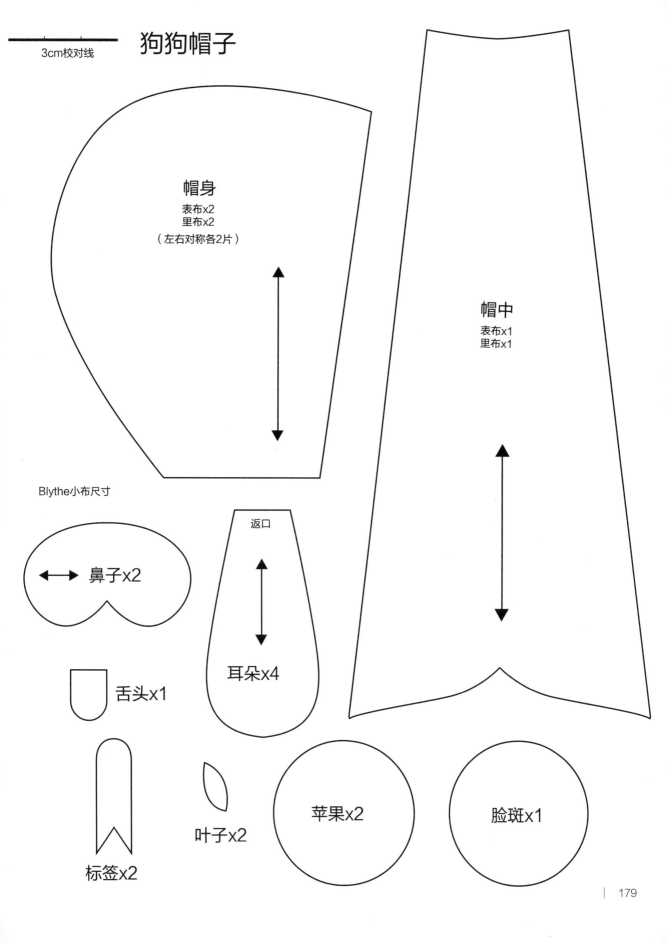

3cm校对线

狗狗帽子

帽身
表布x2
里布x2
（左右对称各2片）

帽中
表布x1
里布x1

Blythe小布尺寸

鼻子x2

返口

耳朵x4

舌头x1

标签x2

叶子x2

苹果x2

脸斑x1

狗狗帽子

OB11尺寸

鼻子x2

苹果x2

脸斑x1

叶子x2

返口

耳朵x4

标签x2

帽身
表布x1
里布x1

舌头x1

苹果x2

脸斑x1

帽身
表布x1
里布x1

返口

耳朵x4

标签x2

鼻子x2

叶子x2

舌头x1

BJD6分尺寸

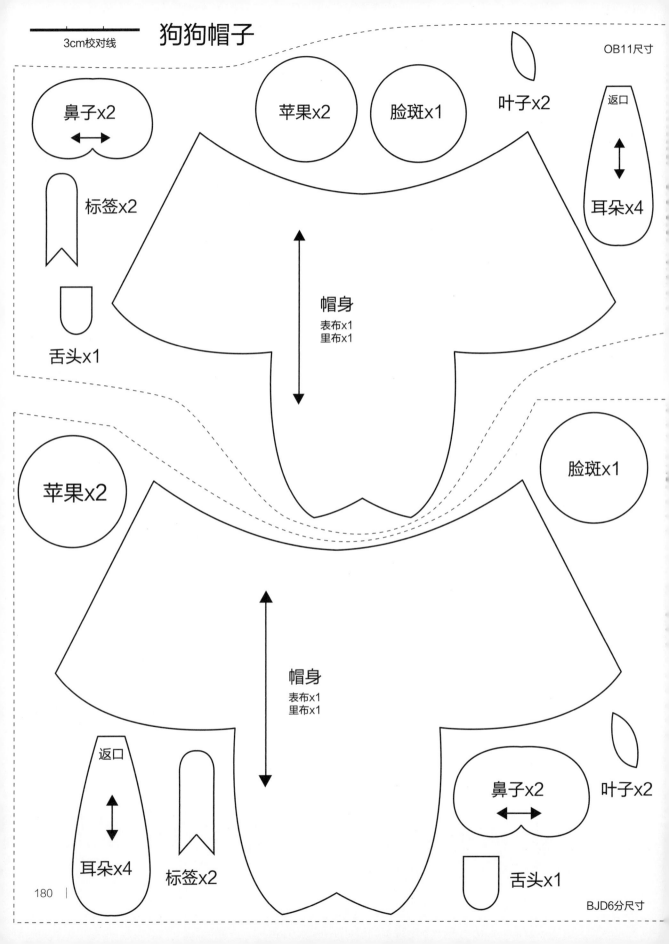

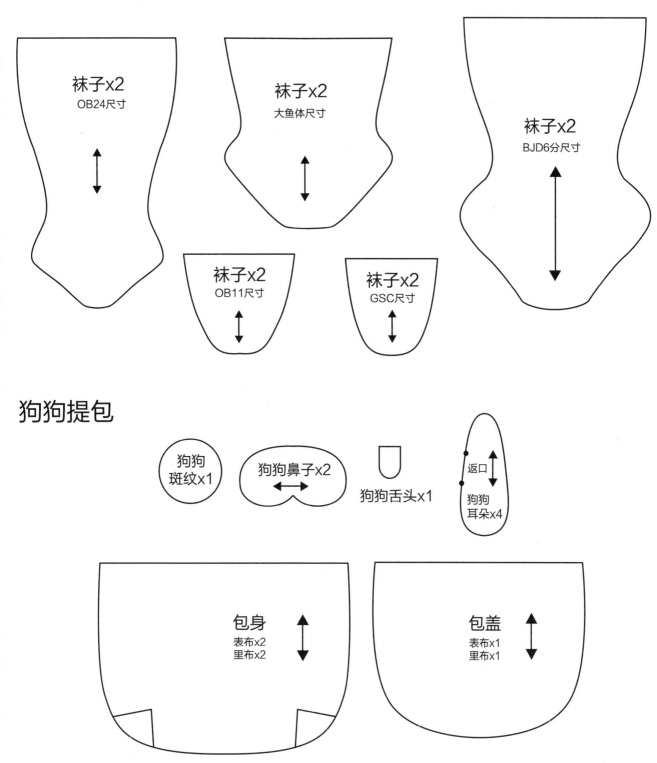

3cm校对线

袜子

袜子x2
OB24尺寸

袜子x2
大鱼体尺寸

袜子x2
BJD6分尺寸

袜子x2
OB11尺寸

袜子x2
GSC尺寸

狗狗提包

狗狗
斑纹x1

狗狗鼻子x2

狗狗舌头x1

返口

狗狗
耳朵x4

包身
表布x2
里布x2

包盖
表布x1
里布x1

小熊抱偶

3cm校对线

◻ 小熊内耳x2　　○ 小熊腮红x2

○ 小熊鼻子x2

小熊肚皮x1

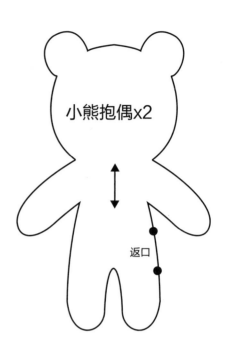

小熊抱偶x2

返口

小熊围巾x1

兔子抱偶

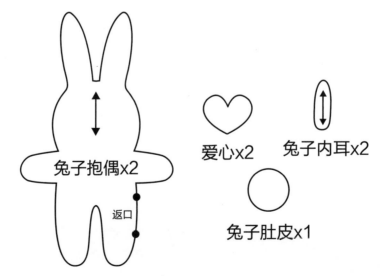

兔子抱偶x2

返口

爱心x2　　兔子内耳x2

兔子肚皮x1